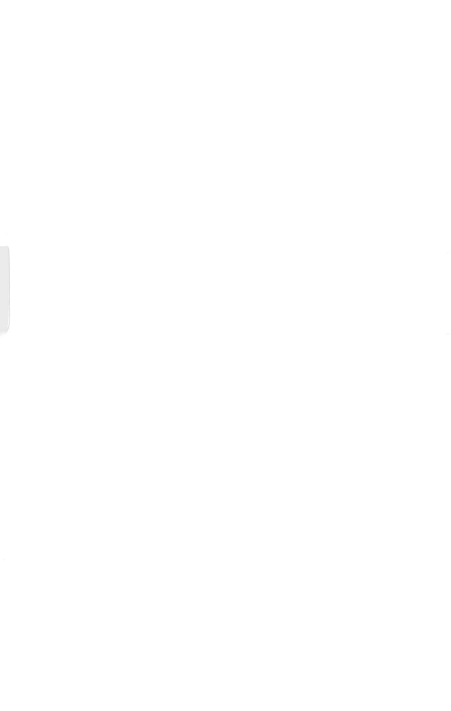

わたしが飼《か》っていた
ハムスターは……

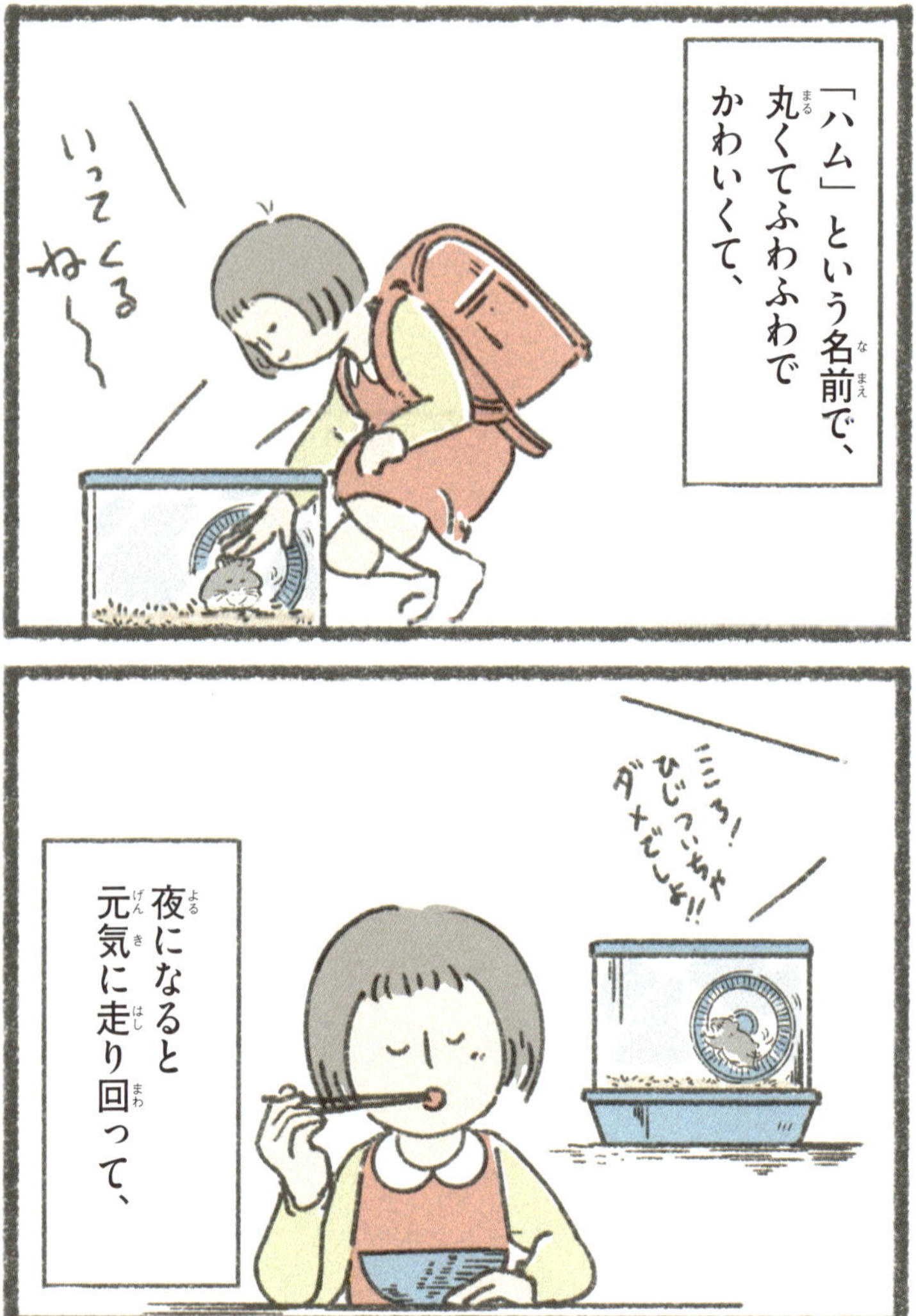

「ハム」という名前《なまえ》で、
丸《まる》くてふわふわで
かわいくて、
いってくるねー〜
夜《よる》になると
元気《げんき》に走《はし》り回《まわ》って、
こら!
ひじっいちゃダメでしょ!!

でも、
お別《わか》れの日《ひ》はやってきて。

ハムがいなくなってから、
心《こころ》にぽっかり穴《あな》が空《あ》いて、
それはまるで
ブラックホールみたいで、

学校《がっこう》の友達《ともだち》も勉強《べんきょう》も、
全部《ぜんぶ》どうでも
よくなっちゃって。
バサッ
なんでわたしだけ
こんな目《め》に……
こんなつらい思《おも》いを
するなら……
ハムなんか……

もしも ペットと

話《はな》せたら

大切《たいせつ》なペットは、何《なに》を教《おし》えてくれる？

この本《ほん》の主人公《しゅじんこう》は、ペットのハムスターがいなくなって落《お》ちこんでいる、小学《しょうがく》6年生《ねんせい》の心《こころ》ちゃんです。心《こころ》ちゃんはいろんなペットたちと話《はな》しながら、自分《じぶん》がこれからどうするべきか、そのヒントを学《まな》んでいきます。

もしもペットと話《はな》せたら……心《こころ》ちゃんは答《こた》えを見《み》つけ出《だ》せるでしょうか。

野《の》中《なか》 心《こころ》（11歳《さい》）

目次《もくじ》

金《きん》魚《ぎょ》

「変《か》わってるね」は、
ほめ言《こと》葉《ば》。

→ P.130

ミドリガメ

「なんで自《じ》分《ぶん》だけこんな
目《め》に……」と思《おも》ってるのは、
自《じ》分《ぶん》だけじゃない。

→ P.90

オオクワガタ

✕にげちゃダメ
○にげなきゃダメ

→ P.150

マダライモリ

知《し》らなくていい知《ち》識《しき》も、
知《し》ってるとおもしろい。

→ P.114

ウサギ

「守《まも》ってる」と
思《おも》ってるほうが、
守《まも》られてる。

→ P.204

ヨウム

たった1文字《もじ》で、
印象《いんしょう》はガラリと変《か》わる。

→ P.170

ハムスター

その悲《かな》しみも、
いつか忘《わす》れる？

→ P.218

モルモット

世《よ》の中《なか》は、おとなも
答《こた》えられない
ことばかり。

→ P.188

・体長《たいちょう》などの数字《すうじ》は成体《せいたい》の参考《さんこう》データです。個体《こたい》によって異《こと》なります。
・イラストは親《した》しみやすくするため、本来《ほんらい》とはちがう見《み》た目《め》や、本来《ほんらい》の生《い》き物《もの》ができないような動《うご》きで描《えが》かれているものもあります。

相手《あいて》のことをよく知《し》ると、少《すこ》し優《やさ》しくなれる。

ハムスター

（ジャンガリアンハムスター※1）

ネズミ目《もく》キヌゲネズミ科《か》

分布《ぶんぷ》 カザフスタン、モンゴル、ロシアなど

体長《たいちょう》※2 7〜13㎝

※1　ジャンガリアンハムスターはハムスターの種類《しゅるい》の1つ。分布《ぶんぷ》、体長《たいちょう》はジャンガリアンハムスターの情報《じょうほう》。

※2　体長《たいちょう》とは、頭《あたま》からおしりまでの長《なが》さ。

あれ？　ハム!?　ハムなの!?

お〜い、心《こころ》ちゃ〜ん、元気《げんき》？

「元気《げんき》？」って……ホントにハムなの？

そうだよ、覚《おぼ》えてないの？　ぼくはハムだよ。

もちろん覚《おぼ》えてるわよ！　ハムがいなくなってから、ずっとハムのこと、思《おも》ってたんだから。まさかまた会《あ》えるなんて……夢《ゆめ》みたい。

おぉ、このにおいも、まちがいなく心《こころ》ちゃんだ、なつかしいなぁ。

もう会《あ》えないと思《おも》ってた……うぅ。

ぼくもずっと会《あ》いたかった。だから、会《あ》えてすごくうれしいな。せっかく会《あ》えたんだから、そんなに泣《な》かないでよ〜。

だって、すごくさみしかったんだから！

まぁそうだよね、悲《かな》しくなるよね。なんたってハムは……

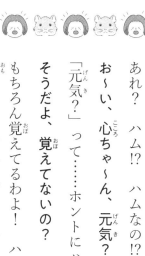

スターだからね※。

……。

あっ、「スター」って「人《にん》気《き》者《もの》」って意《い》味《み》だからね！

……。

※ 英語《えいご》でハムスターは「Hamster」。スター（星《ほし》・人気者《にんきもの》）は「Star」。

あれ？　あんまりピンときてない？

……うん。でもハムが元気《げんき》そうで、ホントによかった。

あいかわらず優《やさ》しいなぁ、心《こころ》ちゃんは。でも、ぼくは心《こころ》ちゃんが元気《げんき》なさそうで、すごく心配《しんぱい》だよ。

……。

いつもより声《こえ》が低《ひく》いし。

なんか、ハムがいなくなってから、人《ひと》と話《はな》すのイヤになっちゃって。
クラスに苦手《にがて》な子《こ》もいるし。

苦手《にがて》な子《こ》かぁ。じゃあさ、ぼくの特徴《とくちょう》を言《い》ってみてよ。

……急《きゅう》になんで？

いいからいいから。

えーっと、ハムは……

ハムには ほおぶくろがある

食《た》べたものをほっぺにためてる顔《かお》が……かわいいんだよなぁ。

ハムはネギとかは食《た》べちゃダメ

人間《にんげん》にとってはおいしい食《た》べ物《もの》でも、ハムスターにとっては毒《どく》になるものがあるんだよね。ネギ、ニラ、アボカド、カキ……あとなんだっけ？

ハムは夜《よる》に動《うご》き回《まわ》る

ハムは夜行性《やこうせい》なのよね。わたしがふとんの中《なか》にいる時《とき》、ハムが走《はし》る音《おと》、よく聞《き》こえてたなぁ。

ハムは歯《は》が一生《いっしょう》のびる

全部《ぜんぶ》で16本《ぽん》ある歯《は》のうち、上《うえ》の前《まえ》歯《ば》2本《ほん》と下《した》の前歯《まえば》2本《ほん》は、一生《いっしょう》のび続《つづ》けるんだよね。

ハムは耳《みみ》がいい

人間《にんげん》には聞《き》こえない音《おと》も、ハムスターには聞《き》こえたりするんでしょ？　図鑑《ずかん》に書《か》いてあったよ。

ハムは鼻《はな》がいい

においで食《た》べ物《もの》を探《さが》すんだよね。人《ひと》のことも、においで覚《おぼ》えるんでしょ？　ハムもさっき、わたしのにおいを覚《おぼ》えてたし。

ハムは目《め》がよくない

ふだんはあまり見《み》えてないけど、夜行性《やこうせい》だから暗《くら》いところでものを見《み》るのは得意《とくい》なんだよね。

ハムはジャンガリアンハムスター

ハムスターにはいろんな種類《しゅるい》がいて、その中《なか》でもハムは「ジャンガリアンハムスター」って種類《しゅるい》だよね。ほかにも、体《からだ》が大《おお》きい「ゴールデンハムスター」や、体《からだ》が小《ちい》さい「ロボロフスキーハムスター」というハムスターもいるわ。

「同《おな》じ種類《しゅるい》でも色《いろ》や個性《こせい》がちがう」って、お母《かあ》さんが言《い》ってたけど……ハムはかなり人《ひと》なつこいジャンガリアンハムスターよね。

さすが心《こころ》ちゃん、ハムスターのことをよく知《し》ってるね！

だって、本《ほん》とか読《よ》んでいっぱい調《しら》べたもん。

それそれ。

えっ？

だれだって、好《す》きな相《あい》手《て》のことは、よく知《し》りたくなるんだよ。好《す》きだから知《し》りたくなるし、知《し》れば知《し》るほど、もっと好《す》きになっていくんだ。

……そういうものかなぁ。

ぼくだって心《こころ》ちゃんのことが大《だい》好《す》きだから、いつも観《かん》察《さつ》してたんだよ。ごはんを食《た》べてる時《とき》、お母《かあ》さんに「ひじをついちゃダメ！」って、しかられてるのとか。

は、はずかしい……。

ぼくのこと、もっともっと好《す》きになってほしいから、ほかにもハムスターの豆《まめ》知《ち》識《しき》を教《おし》えるね！

夜《よる》に動《うご》き回《まわ》るのは敵《てき》が少《すく》ないから

野生《やせい》のハムスターは、昼《ひる》は地《ち》下《か》にほった巣《す》の中《なか》でねむってるんだ。明《あか》るいところで大《おお》きな動物《どうぶつ》に見《み》つかったら、勝《か》ち目《め》がないからね。夜《よる》は敵《てき》が少《すく》ないし、暗《くら》くて敵《てき》に見《み》つかりにくいから、ハムスターは夜《よる》に活動《かつどう》するんだよ。

ペットになったのは100年《ねん》ほど前《まえ》から

1930年《ねん》に動物学者《どうぶつがくしゃ》がシリアでハムスターの親子《おやこ》をつかまえて、その子孫《しそん》がイギリスなどで増《ふ》やされたんだ。

最《さい》初《しょ》は実《じっ》験《けん》用《よう》の動《どう》物《ぶつ》だった※

ハムスターは小《ちい》さくてあつかいやすいから、実験用《じっけんよう》の動物《どうぶつ》として研究《けんきゅう》にも使《つか》われたんだ。1939年《ねん》ごろに初《はじ》めて日本《にほん》に持《も》ちこまれた時《とき》も、ペットとしてではなく、歯《は》の研究《けんきゅう》に役立《やくだ》てられていたんだよ。日本《にほん》でハムスターがペットとして飼《か》われはじめたのは、1960年代《ねんだい》からなんだ。

※ この話《はなし》はゴールデンハムスターの歴史《れきし》。

ハムスターって、歯《は》の研究《けんきゅう》に役立《やくだ》てられてたの？

そうなんだよ。意外《いがい》だった？

うん。夜《よる》に動《うご》き回《まわ》るのも、ちゃんと意味《いみ》があったのね。

そうそう、こうやって知《し》っていくと、さらに興味《きょうみ》や親《した》しみがわくでしょ？　好《す》きになるでしょ？

そうね。ハムの言《い》ってる意味《いみ》が、なんとなく分《わ》かってきたかも。

逆《ぎゃく》に言《い》うと、苦手《にがて》な人《ひと》のことは、知《し》りたいとも思《おも》わないでしょ？

……うん。

できるだけふれあわないようにしちゃうから、どんどん苦手《にがて》になっていくんだよね。

……。

でも、勇気《ゆうき》を出《だ》して自分《じぶん》から近寄《ちかよ》ってみると、意外《いがい》と親《した》しみがわくかも知《し》れないよ。

「近寄《ちかよ》る」って、わたしから苦手《にがて》な子《こ》に話《はな》しかけるってこと？　……そんなのムリだよ。

うん、ぼくもそう思《おも》う。

……なら言《い》わないで。

でもね。いきなり話《はな》しかけるのはむずかしいかもしれないけれど、少《すこ》し観察《かんさつ》してみたらどう？

観察《かんさつ》？

そう、心《こころ》ちゃんの得意《とくい》なことだよ。ほら、例《たと》えばぼくがピョコっと立《た》ち上《あ》がると、みんな「かわいい！」って喜《よろこ》ぶでしょ？　でも心《こころ》ちゃんは……

むむ、これは
まわりを
警《けい》戒《かい》してるな

よく観察《かんさつ》して、ぼくの気持《きも》ちを見《み》ぬいてたよね。

ハムスターが立《た》つのは、まわりに危険《きけん》がないかをたしかめる場合《ばあい》が多《おお》いって知《し》ってたし、毎日《まいにち》ハムの動《うご》きを見《み》てたら、なんとなく気持《きも》ちも分《わ》かってくる感《かん》じがしたの。

やっぱり心《こころ》ちゃんは、観察《かんさつ》するのが得意《とくい》だと思《おも》うよ。

そうかな？　ありがとう。

相手《あいて》のことをよく知《し》るとね、少《すこ》し優《やさ》しくなれるんだ。

どういうこと？

ぼくが夜中《よなか》に回《まわ》し車《ぐるま》※で走《はし》ってた時《とき》、心《こころ》ちゃんはどう思《おも》った？

ちょっとうるさいなぁって思《おも》ったよ。でも……

でも？

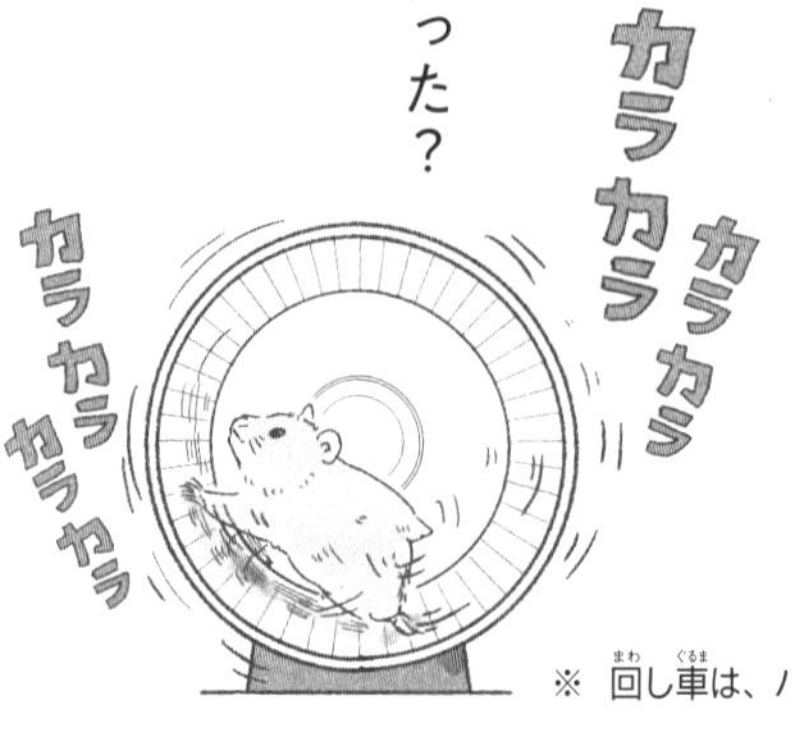

※　回《まわ》し車《ぐるま》は、ハムスターが走《はし》り回《まわ》るための道具《どうぐ》。

ハムスターは夜《よる》に動《うご》き回《まわ》る生《い》き物《もの》だから、仕方《しかた》ないなって思《おも》ってた。

ほら、優《やさ》しくなってる。

え？

心《こころ》ちゃんは「ハムスターは夜《よる》に動《うご》き回《まわ》る」という知識《ちしき》があるから、うるさくても「仕方《しかた》ない」って思《おも》えたんだよ。もし知《し》らなかったら、ハムスターのことをきらいになってたかもしれないよ。

たしかに、ありえるかも。

ぼくもね、心《こころ》ちゃんのことをよく知《し》ってるから、優《やさ》しくなれたんだ。

えっ？

心《こころ》ちゃん、毎朝《まいあさ》、学校《がっこう》に行《い》く前《まえ》に、ねむってるぼくの頭《あたま》をそっとなでてくれてたでしょ？

えっ!?　気《き》づいてたの？

行《い》ってくるね

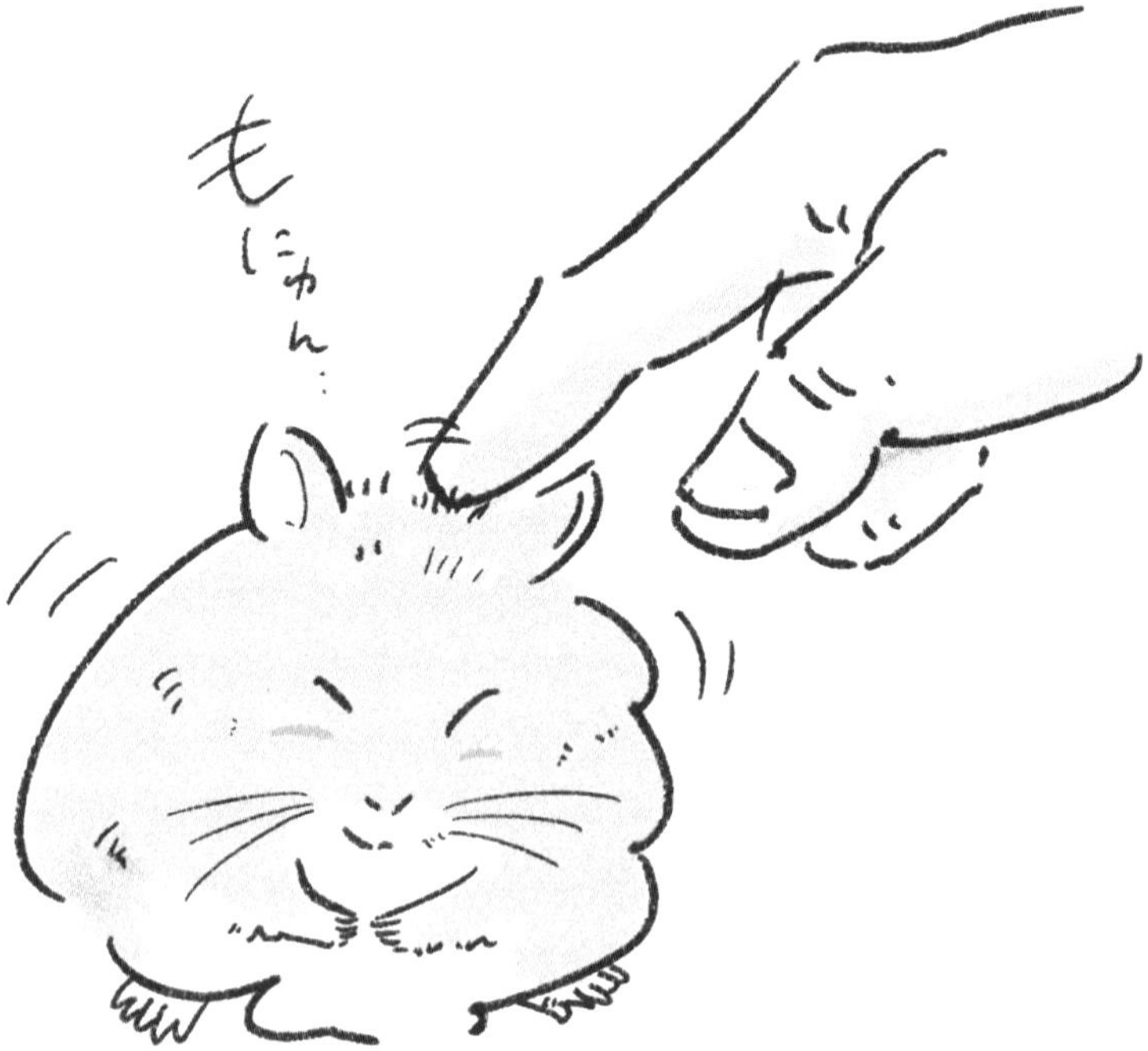

うん。いつもそれで目《め》が覚《さ》めてた。

そうだったの!?　ごめん!

ううん、全然《ぜんぜん》いいの。心《こころ》ちゃんがなるべく静《しず》かにしてくれてたのもよく知《し》ってるし※。

そっか。

ぼくが心《こころ》ちゃんのことをよく知《し》っていたから優《やさ》しい気持《きも》ちでいられたように、**相手《あいて》のことをよく知《し》ると、少《すこ》し優《やさ》しくなれるんだ。**逆《ぎゃく》に知《し》らないと、苦手《にがて》になるし、きらいになっちゃうんだよね。**苦手《にがて》なものって、よく知《し》らないものなんだよ。**

……ホント、そうだね。

これは勉強《べんきょう》もいっしょ。心《こころ》ちゃん、英語《えいご》の授業《じゅぎょう》が苦手《にがて》でしょ?

えっ!?　……苦手《にがて》だけど、でも、なんで知《し》ってるの?

だって、心《こころ》ちゃん、いつも……

※　夜行性《やこうせい》のハムスターにとって、朝《あさ》は1日《にち》の終《お》わりで、ねむる時間《じかん》となる。

「英語《えいご》の勉強《べんきょう》はやりたくない」って言《い》ってたから。

そんなところまで聞《き》いてたんだ。

What's your name？
（あなたのお名前《なまえ》は？）

えっ……急《きゅう》に……何《なに》？

What's your name？
（あなたのお名前《なまえ》は？）

……答《こた》えないからね。

心《こころ》ちゃんは英語《えいご》で自己紹介《じこしょうかい》するのも、なんかカッコつけてるみたいではずかしいんでしょ？ はずかしいから話《はな》さないし、どんどん話《はな》せなくなるし、それで学校《がっこう》でも、英語《えいご》の時間《じかん》がイヤなんだよね？

すごい！ 全部当《ぜんぶあ》たってる！ ホント、ハムってわたしのことを、よく見《み》てくれてたのね。

心《こころ》ちゃんのことが大好《だいす》きだからね！ **でもそうやって苦手《にがて》なものをイヤがってさけてると、いつまでも苦手《にがて》なままだよ。**苦手《にがて》な人《ひと》、苦手《にがて》な教科《きょうか》、苦手《にがて》な食《た》べ物《もの》、全部《ぜんぶ》そう。知《し》ろうとしないから、どんどん苦手《にがて》になっちゃうんだ。

そんなえらそうに言《い》うけどさ、ハムだっていつもニンジンだけ食《た》べなかったでしょ？ 苦手《にがて》だからさけてたんじゃないの？

さすが、ぼくのことをよく観察《かんさつ》してるね、心《こころ》ちゃん。あれはね……

なんかイヤだったから。※

自分《じぶん》だけずるい！
わたしも英語《えいご》を話《はな》すの、
なんかイヤなの！

あるよね～、「なんかイヤ」って。

※　ニンジンが好《す》きなハムスターもいる。食《た》べ物《もの》の好《この》みは1匹《びき》ずつちがう。

苦手《にがて》なものをムリに
「好《す》きになろう」と思《おも》うより、
「知《し》ってみよう」から
始《はじ》めてみれば？

ツンツン
うわぁっ!! ちょっと!! なにすんのさぁ!!
こころ! ハムをツンツンしないの!! ビックリしちゃうでしょ!!
えー
ほんとさ!
まったくどういうつもりなんだ
だってハム かわいすぎるから さわりたくなっちゃう
むっ…
まっ… まぁ… 気《き》もちはわかるか…
まんざらでもないようだ

ハムスターのおやつの時間《じかん》

ふだんは野菜《やさい》やハムスター用《よう》フードなどを食《た》べます。

「みんなとなかよく」なんてムリ。

ハリネズミ

（ヨツユビハリネズミ※1）

ハリネズミ目《もく》ハリネズミ科《か》

分布《ぶんぷ》 アフリカ中央部《ちゅうおうぶ》（セネガルなど）

体長《たいちょう》※2 14～21㎝

※1　日本《にほん》で自由《じゆう》に飼《か》えるハリネズミは、ヨツユビハリネズミだけ。

※2　体長《たいちょう》とは、頭《あたま》からおしりまでの長《なが》さ。

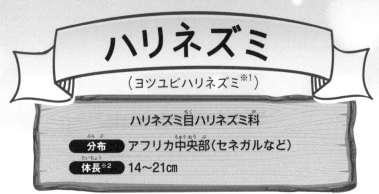

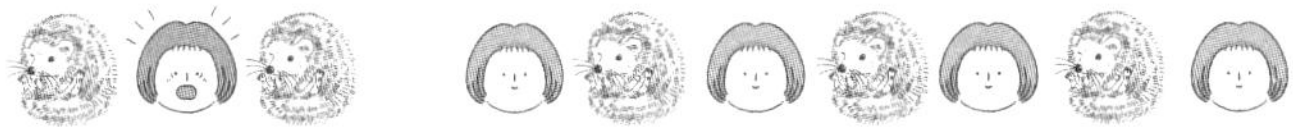

あれ？　ハリネズミさんがいる。　ハムはどこ？

あぁ、あいつはどっか行《い》ったよ。

……。（なんか冷《つめ》たいな）

そんなことより、あんまりこっちに来《く》んなよ。

えっ、なんで？

いいから来《く》んなって。

そんなこと言《い》わないでよ。ハリネズミさんって、やっぱりトゲトゲがすごいのね。このハリって何本《なんぼん》あるの？

……5000本《ぼん》くらい。

すごいね！　そんなにあるんだ！

うわっ、さわるなって！　フシュッ！　フシュッ！　おれはな、そうやって知《し》らないやつにさわられると……

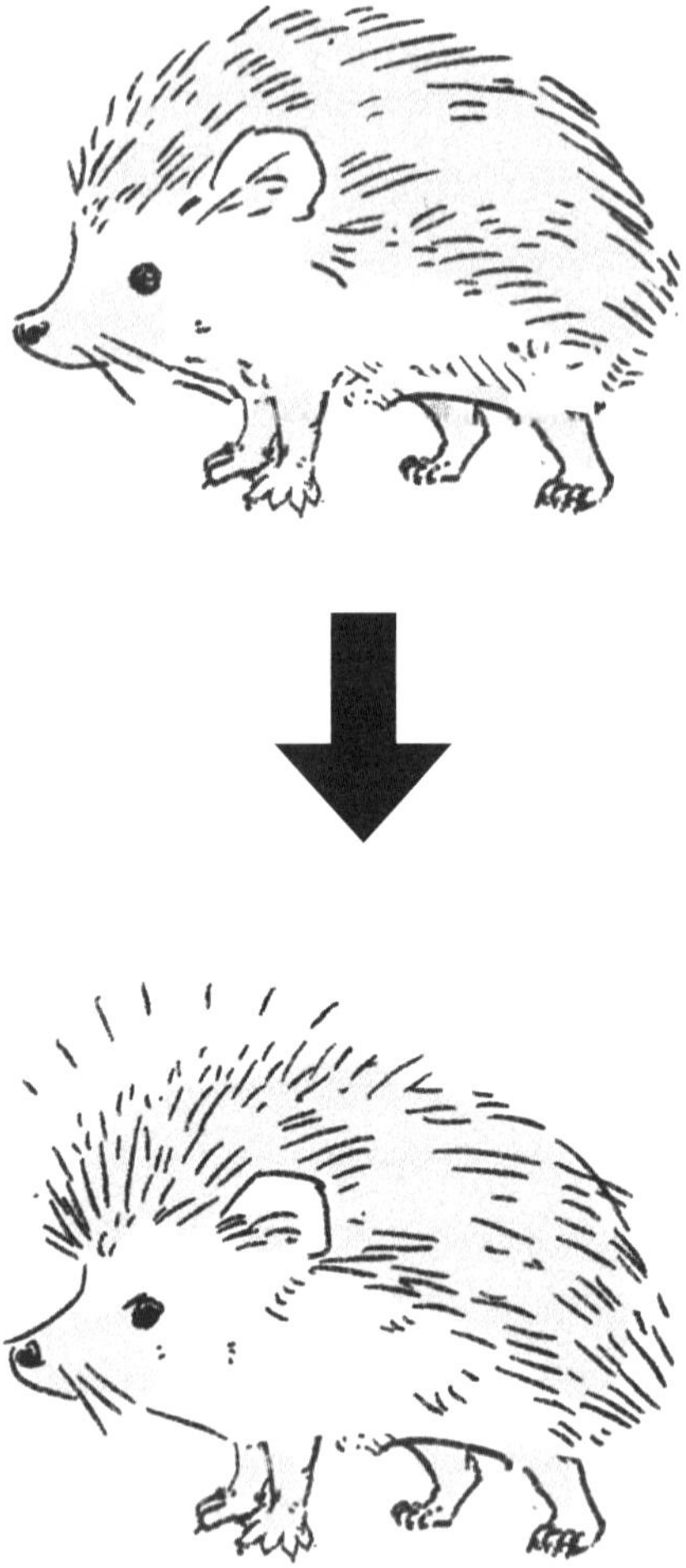

全《ぜん》身《しん》のハリが立《た》つんだ。

すごい！　そのハリで敵《てき》をやっつけるのね！

やハリ、知《し》らないのか。このハリは相《あい》手《て》を攻《こう》撃《げき》するためのものじゃない。**自《じ》分《ぶん》を守《まも》るためのハリなんだ。**おれは敵《てき》におそわれ

そうになると、体《からだ》を丸《まる》めてハリを立《た》てるんだ。ささると痛《いた》いぞ～。

フシュッ！

その音《おと》は何《なに》？

やハリ、これも知《し》らないんだな。

……。（さっきからダジャレ言《い》ってる？）

この音《おと》は、相手《あいて》への警告《けいこく》だよ。「こっちに来《く》るな」っていう気持《きも》ちを表《あらわ》してるんだ。**フシュッ！　フシュッ！**

そんなにわたしがイヤなの？

おまえ、おれのことを何《なに》も分《わ》かってないだろ？　そういうやつが近《ちか》くにいるとイヤなんだよ、何《なに》されるか分《わ》からないから。

じゃあ、ハリネズミさんのこと、もっと教《おし》えてよ。

いいだろう。ハリネズミはな……

ネズミより モグラに近《ちか》い

ハリネズミは名前《なまえ》に「ネズミ」が入《はい》ってるけど、ネズミではなく、モグラのなかまに近《ちか》いんだ。夜《よる》に活動《かつどう》する生《い》き物《もの》で、目《め》はそんなによくないぞ。でも、鼻《はな》や耳《みみ》がいいんだ。

寿命《じゅみょう》は4〜6年《ねん》くらい

赤《あか》ちゃんは生《う》まれて6〜8週間《しゅうかん》くらいまで、お母《かあ》さんのおっぱいを飲《の》んで育《そだ》つぞ。メスは生《う》まれて約《やく》2カ月《げつ》、オスは生《う》まれて約《やく》6カ月《げつ》で交尾《こうび》ができるようになるんだ。3歳《さい》を過《す》ぎるころから、少《すこ》しずつお年寄《としよ》りになっていくぞ。

生《う》まれる時《とき》にハリはない

お母《かあ》さんの体《からだ》を傷《きず》つけないように、生《う》まれる時《とき》はハリが皮《ひ》ふの下《した》にうもれているんだ。でも、1日《にち》くらいで白《しろ》くてやわらかいハリが生《は》えそろうぞ。

おとなのハリは約《やく》5000本《ぽん》

生《う》まれて半年《はんとし》くらいたつと、おとなのハリに生《は》え変《か》わる。さっきも言《い》ったけど、おとなは5000本《ぼん》くらいハリが生《は》えてるんだ。このハリは、毛《け》がまとまってかたまったもので、人間《にんげん》のつめと同《おな》じような成分《せいぶん》でできてるんだぞ。

つばを自分《じぶん》の体《からだ》にぬる

ベロを使《つか》って、アワになったつばを体《からだ》にこすりつけることがあるぞ。この行動《こうどう》は「アンティング」って呼《よ》ばれてるんだけど、なんでやるかは、よく分《わ》かっていないんだ。

なぜかホリホリしちゃう

ハリネズミは木《き》の根《ね》っこの間《あいだ》などで暮《く》らしてるから、自《じ》分《ぶん》で巣《す》をほる必要《ひつよう》はないんだけど……なぜかホリホリしちゃうんだよな。

1匹《ぴき》で生《い》きる

ハリネズミは子《こ》どもの時《とき》と交尾《こうび》の時以外《ときいがい》は、1匹《ぴき》で生《い》きているんだ。別《べつ》に……さみしくはないからな。

どうだ？　全然《ぜんぜん》知《し》らなかっただろ？

そうね。飼《か》ったことなかったし。

おれの飼《か》い主《ぬし》も、最初《さいしょ》は全然《ぜんぜん》ハリネズミのことを知《し》らなくて、イヤだったなぁ。おれはできるだけ１匹《ぴき》でいたいのに、ベタベタさわってきたりして。

ハリネズミさんもペットだったのね。でも、飼《か》い主《ぬし》さんとふれあいたくないの？

ヤハリ、おまえもそういうタイプか。

……。（またダジャレだ）

よく学校《がっこう》とかで、「みんなとなかよくしましょう」って習《なら》うだろ？　おれは、それがまちがいだと思《おも》う。

なんで？　なかよくしたほうがいいでしょ？

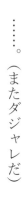

いや、おれは「みんなとなかよく」なんてムリ。
ハリネズミはもともと1匹《びき》で暮《く》らす生《い》き物《もの》だから、集団生活《しゅうだんせいかつ》は向《む》いてないんだよ。もちろん、ハリネズミの中《なか》には人間《にんげん》にさわられても全然《ぜんぜん》イヤがらないヤツもいるけどさ、おれはムリ。ちゃんと、きょりをとってほしい。

そっかぁ……1匹《ぴき》ずつ性格《せいかく》がちがうのね。

人間《にんげん》もそうだろ？

そうね。いろんな性格《せいかく》の子《こ》がいるわ。しゃべるのが好《す》きな子《こ》もいれば、わたしみたいにおとなしめな子《こ》もいるし。

そうそう、おれもどっちかっていうと、おまえみたいにおくびょうなタイプなんだよ。

それじゃあ、飼《か》い主《ぬし》さんとうまくいかないでしょ？

いや……

わりとうまくいった。飼《か》いはじめて10日目《かめ》ぐらいから、飼《か》い主《ぬし》がおれのこと、ベタベタさわらなくなったんだよ。おれの性格《せいかく》が分《わ》かったんだろうな。

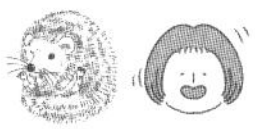

そっかぁ、なかよくなれてよかったね！

まぁな。でも、別《べつ》にみんなとムリになかよくなる必要《ひつよう》はないと思《おも》うぞ。気《き》が合《あ》わない相手《あいて》は必《かなら》ずいるもんだし。むしろ**「みんなとなかよく」っていう考《かんが》えがまちがいだ。全員《ぜんいん》と友達《ともだち》なやつなんて、絶対《ぜったい》いないんだから。**

なんかちょっと元気出《げんきで》たかも、ありがとう。ハリネズミさんって、見《み》た目《め》も性格《せいかく》もトゲトゲしてて、最初《さいしょ》はこわかったけど……話《はな》してみると、わたしに似《に》ておくびょうだったり、ときどきダジャレ言《い》ったり、勇気《ゆうき》づけてくれたりして、意外《いがい》な一面《いちめん》もあるのね。

まぁな。生《い》きるのに**メリハリ**は大切《たいせつ》だからな。

……あれ？　そういえば……

ハリが立《た》ってないわね。

うん。

なんで？

わりとおまえに慣《な》れた。

そっか、それならよかった。わたしのほうこそ、ハリネズミさんにだいぶ慣《な》れてきたよ。

おいおい、そんな風《ふう》におれとハリあうなよ。

……これまで知《し》らなかったけど、ハリネズミさんって、けっこうハムスターと似《に》てるところが多《おお》いのね。夜《よる》に活動《かつどう》するのとか、目《め》より鼻《はな》がいいとか、性格《せいかく》が1匹《ぴき》ずつちがうとか。だんだんハムみたいにかわいく見《み》えてきたわ。

そ、そうか？

ハリを見《み》ればどんな気持《きも》ちかすぐ分《わ》かるし、ハリを出《だ》して丸《まる》まってる姿《すがた》もかわいかったし。

この短《みじか》い間《あいだ》に、そんなにおれを観察《かんさつ》してくれてたのか……心《こころ》、おまえに言《い》いたいことがある。

ん？　なあに？

好《す》きだぁ！

イタッ！

ハリネズミは、好《す》きな相手《あいて》に体当《たいあ》たりして告白《こくはく》することがあるんだ。※

……そうなんだ。それならまぁ、うれしいけど。

あぁもう、好《す》きすぎて胸《むね》が**ハリさけそうだ！**

結局《けっきょく》、わたしたち、めちゃめちゃなかよくなれたね。

※　ハリネズミのオスは、求愛《きゅうあい》する時《とき》に「ピーピー」と鳴《な》いたりもする。

「気《き》が合《あ》う人《ひと》がいればラッキー」
くらいの
軽《かる》い気《き》持《も》ちでいれたら
いいかもな。

さわったらいやがるから見《み》るだけ見《み》るだけ…
さわりたいけど…
ちょっ…ちょっとくらいならさわってもいいけど…

ハリネズミのごはんの時間《じかん》

ハリネズミ用《よう》フードなどを食《た》べます。

みんな、わりと、
思《おも》いこみで生《い》きている。

マイクロブタ

クジラ偶蹄目《ぐうていもく》イノシシ科《か》

分布《ぶんぷ》 2000年代《ねんだい》からペットとして飼育《しいく》

体高《たいこう》※1 20〜50㎝

※1　体高《たいこう》とは、4本足《ほんあし》で立《た》った時《とき》の、地面《じめん》から背中《せなか》までの高《たか》さ。

あぁ! ブタさんだ! かわいい!

ブ〜! 心《こころ》ちゃん、わたしはただのブタじゃないのよ。

えっ、じゃあミニブタ?

ブ〜! わたしはね、「マイクロブタ」っていうの。

マイクロブタ?

マイクロブタは、「ミニブタよりさらに小《ちい》さいブタ」って意《い》味《み》よ。※2

えぇぇ! 知《し》らなかったわ……そんなブタさんがいるなんて。ちっちゃくてかわいい!

みんな、最《さい》初《しょ》はそう言《い》うのよね。

……どういうこと?

ううん、なんでもない。じゃあ、うちのママも紹《しょう》介《かい》していい?

ママ〜、こっちこっち!

※2 ミニ(mini)は「小《ちい》さい」という意《い》味《み》。マイクロ(micro)は「とても小《ちい》さい」という意《い》味《み》。

ママ

ママ……すごく大《おお》きいね……。

やっぱりそう思《おも》ったんだ。心《こころ》ちゃんも、ほかの人間《にんげん》たちと同《おな》じね。

どういうこと？

勝手《かって》なイメージで、わたしたちを誤解《ごかい》してるってこと。わたしはまだ3kgだけど、**うちのママは体重《たいじゅう》30kgよ。**

ええ！　わたしが35kgだから、5kgしかちがわないわ！

マイクロブタは大《おお》きくても40kgくらいまでだけど、**ミニブタは100kgくらいになることもあるわよ。**

ええええええ！　それじゃあ全然《ぜんぜん》ミニじゃないよ〜！

そうよ、ミニなのは子《こ》どものころだけなの。「かわいいかわいい」ってなでてた子《こ》どものミニブタが、まさか自分《じぶん》より重《おも》くなるとは思《おも》わないんでしょうね。ミニブタを飼《か》ってた人間《にんげん》が、大《おお》きくなったミニブタを捨《す》てちゃうこともあったんだから。

そうなんだ、ひどい話《はなし》ね……。

「ミニ」って名前《なまえ》にあるだけで、「小《ちい》さい」と思《おも》いこんじゃうんでしょうね。そういう思《おも》いこみで人間《にんげん》が誤解《ごかい》してること、ほかにもいっぱいあるのよ。

えっ、まだあるの？

そもそもまず、ブタの先祖《せんぞ》は何《なに》か知《し》ってる？

先祖《せんぞ》？　ブタは昔《むかし》からブタじゃないの？

ブ〜！　ブタの先祖《せんぞ》はイノシシよ。

知《し》らなかった！

じゃあ心《こころ》ちゃんにブタの基本《きほん》を教《おし》えてあげる。

うん。

例《たと》えば……

ブタの先祖《せんぞ》はイノシシ

ブタの先祖《せんぞ》は野生《やせい》のイノシシよ。昔《むかし》は気性《きしょう》があらかったけど、人間《にんげん》に飼《か》われるようになってから、人間《にんげん》に慣《な》れて少《すこ》しずつおとなしくなっていったの。そうそう、昔《むかし》はわたしたちの先祖《せんぞ》が農業《のうぎょう》に使《つか》われることもあったそうよ。ほら、わたしたち、鼻《はな》で土《つち》をほるクセがあるから、それを利用《りよう》して土《つち》を耕《たがや》してたんだって。

ブタはみんなといっしょが好《す》き！

イノシシが集団《しゅうだん》で生活《せいかつ》するのと同《おな》じで、ブタもみんなといっしょにいると安心《あんしん》するの。なかまとくっついて寝《ね》るのもそのせいね。逆《ぎゃく》に1匹《びき》でいるのは苦手《にがて》。そんな性格《せいかく》だから、人間《にんげん》にも慣《な》れやすいのよ。

麻薬捜査《まやくそうさ》ブタがいた!

ブタといえば鼻《はな》！　目《め》が悪《わる》いぶん、鼻《はな》がとてもよくて、ドイツでは麻薬捜査《まやくそうさ》にブタが使《つか》われたこともあったのよ。麻薬《まやく》を持《も》ってる人《ひと》がいないか、においで探《さが》すってわけ。フランスでは「トリュフ」という貴重《きちょう》なキノコを探《さが》す時《とき》に、ブタに地面《じめん》をかがせて見《み》つけていたそうよ。ちなみにブタは耳《みみ》もよくて、人間《にんげん》には聞《き》こえない高《たか》い音《おと》も聞《き》こえるわ。

ブタは緑色《みどりいろ》が分《わ》からない？

ブタは目《め》があまりよくなくて、特《とく》に緑色《みどりいろ》は分《わ》からないと言《い》われているわ。赤色《あかいろ》もあんまり分《わ》からないけど、青色《あおいろ》はしっかり分《わ》かるわよ。

ブタは時速《じそく》40㎞で走《はし》る⁉

イノシシが時速《じそく》40㎞以上《いじょう》で走《はし》れるように、ブタもかなり足《あし》が速《はや》いわよ。速《はや》いブタは時速《じそく》40㎞くらいで走《はし》れるとも言《い》われてるけど、実際《じっさい》はどうかしら。

ブタさんって速《はや》いんだ！

そうなのよ。知《し》らなかったでしょ？

ブタさんが麻薬捜査《まやくそうさ》してた話《はなし》もびっくりだよ。

まぁ……今《いま》はイヌがやってるけどね。

なんで？

ブタが麻薬《まやく》より食《た》べ物《もの》のにおいに反応《はんのう》しちゃって、仕事《しごと》どころじゃなくなったみたい。

あはは、なんかブタさんらしいね。

何《なに》、その「ブタらしい」って？「太《ふと》ってて食《た》べるの大好《だいす》き」っていうのが、「ブタらしい」だと思《おも》いこんでない？

……ごめんなさい。

そのイメージで、「走《はし》るのが遅《おそ》い」って決《き》めつけてたんでしょ？

……でもぽっちゃりしてるのが、ブタさんのかわいいところ……

ブ〜！「ぽっちゃり」はまちがい。ブタはね……

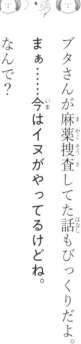

とってもスリムなの。

ええ!?

人間《にんげん》の体脂肪率《たいしぼうりつ》※1は、おとなの女性《じょせい》が20～30%くらいで、おとなの男性《だんせい》が10～20%くらいなの。でも、**マイクロブタの体脂肪率《たいしぼうりつ》は11～13%よ！**※2

そうなの!?

ビックリしたでしょ？

うん。言《い》われてみたら、なんかシュッとしてる気《き》がしてきた。でも、ふつうのブタさんはもっと太《ふと》ってるわよね？

そうね。でも、ふつうのブタも体脂肪率《たいしぼうりつ》は14～18%くらいよ。

……つまり、人間《にんげん》の女性《じょせい》よりブタさんのほうが体脂肪率《たいしぼうりつ》が低《ひく》いんだ。

そうよ、だからね……

※1　体脂肪率《たいしぼうりつ》とは、体《からだ》にどれくらい脂肪《しぼう》があるかを表《あらわ》すもの。
※2　生《う》まれてすぐのころは、体脂肪率《たいしぼうりつ》がもっと低《ひく》い。

ブタより人間《にんげん》のほうがぽっちゃりだから。

……そうね。

ホント、人間《にんげん》ってイメージでものごとを決《き》めつけちゃってるわよね。口《くち》の悪《わる》い子《こ》が、太《ふと》ってる子《こ》に「ブタ」とか言《い》ったりするでしょ？　それって相手《あいて》はもちろん、ブタにも超失礼《ちょうしつれい》なんだから。

わたし、ブタさんのこと、何《なに》も知《し》らなかったんだ。

ブッブ〜！　知《し》らないならまだマシよ。

えっ？

心《こころ》ちゃんは「知《し》ってる」と思《おも》いこんでたのよ。**何《なに》も知《し》らない人《ひと》より、知《し》ってると思《おも》いこんでる人《ひと》のほうが、相手《あいて》を傷《きず》つけるんだからね。**

……ごめんなさい、気《き》をつけるね。でも、なんでわたしはブタさんのこと、「走《はし》るのが遅《おそ》い」とか「太《ふと》ってる」と思《おも》いこんじゃってたんだろう？

見《み》た目《め》と名前《なまえ》のイメージじゃない？

イメージ？

「ブタ」って言葉《ことば》のひびきだけで、
なんとなく重《おも》くて悪《わる》いイメージをもってない？

まぁ、言《い》われてみるとそんな気《き》がしないでもないけど。

日本語《にほんご》の「ば行《ぎょう》」って、悪《わる》いイメージの言葉《ことば》が多《おお》いでしょ？

バカとか？

そうそう、そういうひどい言葉《ことば》のイメージに引《ひ》っぱられてるのよ。

そうかなぁ？

そうよ。

ほかにどんな言葉《ことば》があるっけ？

例《たと》えば……

たしかに、「ば行《ぎょう》」にひどい言葉《ことば》……多《おお》いね。

まちがった時《とき》に「ブー」って言《い》ったり、ヤジを飛《と》ばすことを英語《えいご》で「ブーイング」って言《い》うんだけど、それも「ば行《ぎょう》」のイメージを悪《わる》くしてると思《おも》うわ。※

マイクロブタさんも、自分《じぶん》でよく「ブ～」と言《い》ってるけどね。

自分《じぶん》で使《つか》うのはいいの！　とにかく、人間《にんげん》はそういう言葉《ことば》や音《おと》のイメージに引《ひ》っぱられやすい生《い》き物《もの》だから、気《き》をつけてね！

うん、気《き》をつける。マイクロブタさんに会《あ》って、ブタさんのことをちゃんと知《し》れて、すごく好《す》きになったわ。

あらそう、それはうれしいわっ。

あっ！

どうしたの？

マイクロブタさんって……

※　ブーイングは英語《えいご》で「booing」と書《か》く。

しっぽをふるんだね！

うん。うれしい時《とき》はブンブンふるの。心《こころ》ちゃんがわたしたちのことを正《ただ》しく知《し》ってくれて、うれしくて！

かわいい！　イヌといっしょね！

そうよ。マイクロブタはお手《て》やおすわりもできたりするんだから。※

ええ!?

「ブタ小屋《ごや》」って聞《き》くと、きたないイメージがあるかもしれないけど、ブタはトイレの場所《ばしょ》もちゃんと覚《おぼ》えたりするのよ。

すごく頭《あたま》がいいんだね。全然《ぜんぜん》まちがったイメージをもってたよ。

人間《にんげん》は思《おも》いこみでまちがう生《い》き物《もの》だからね。心《こころ》ちゃんも、クラスの子《こ》に対《たい》してまちがったイメージをもってるかもしれないし、逆《ぎゃく》に友達《ともだち》からまちがったイメージをもたれてるかもしれない。だから、こうやって相手《あいて》としっかり話《はな》せば、その誤解《ごかい》がとけるかもしれないよ。

ん〜……そんなすぐ、自分《じぶん》から話《はな》しかける性格《せいかく》には変《か》われないよ。

変《か》われるよ！　マイクロブタだって、昔《むかし》は攻撃的《こうげきてき》な性格《せいかく》のイノシシだったのに、こんなになつく性格《せいかく》に変《か》わったんだから。

……でも、どれくらい時間《じかん》をかけて性格《せいかく》が変《か》わったの？

※　マイクロブタは、鼻《はな》でタッチしたり、くるくる回《まわ》ったりする芸《げい》を覚《おぼ》えることもある。

1万年《まんねん》とか。※
やっぱり、それくらい
かかるよね……。
性格《せいかく》を変《か》えるのって、
むずかしいわよね。

※ イノシシを農業用《のうぎょうよう》のブタに改良《かいりょう》して、そのブタをミニブタに改良《かいりょう》して、さらにミニブタを改良《かいりょう》したのがマイクロブタ。マイクロブタは最大《さいだい》40kgほど。ミニブタは40〜100kgほど。

思《おも》いこみをなくせたら、
毎日《まいにち》がもっと
過《す》ごしやすくなるかもね。

あ!! あんなところに!! カボチャがおちてる!!
ひとかけらだけ!!?
こういうのははやいものがちってことで!!!
もらったく!! なんてったってブタさんは足《あし》がおそいイメージ…
ビューン
はっ… はやぁ……
つーん
おもいこみはきんもつよ♥

マイクロブタのごはんの時間《じかん》

マイクロブタ用《よう》フードや野菜《やさい》などを食《た》べます。

だれかに話《はな》すと、けっこう楽《らく》になれる。

コザクラインコ

オウム目《もく》（インコ目《もく》）インコ科《か》

分布《ぶんぷ》 アフリカ南西部《なんせいぶ》

全長《ぜんちょう》※ 15～18㎝

※　全長《ぜんちょう》とは、くちばしの先《さき》から尾羽《おばね》のはしまでの長《なが》さ。

ねぇねぇ心《こころ》ちゃん！

わっ、めちゃくちゃ声《こえ》が大《おお》きいね……。

心《こころ》ちゃんこんにちは〜そっち行《い》くね！

……こんにちは。あなたのお名前《なまえ》は？

わたしはコザクラインコ。もっとこっち来《き》て〜！

ホントに声《こえ》が……大《おお》きい。

あらごめんなさい。コザクラインコって、鳴《な》き声《ごえ》が大《おお》きいタイプのインコなのよ。これからは小《ちい》さい声《こえ》で話《はな》すわ。ねぇねぇ心《こころ》ちゃん。

なあに？

なでて。

急《きゅう》に!?

いいから、なでて。

（なでなで）

（カミカミ）

イタタ！　かんじゃダメよ！

（カミカミカミカミ）

痛《いた》いよ～、かまないでってば！

心《こころ》ちゃん、**わたしをもっと見《み》て！**

さっきからずっと見《み》てるでしょ、だからもうかまないで！

じゃあ、**かまないから、もっとかまって。**

えっ？

インコはね、いつもかまってほしいの。注目《ちゅうもく》してもらうために「かんじゃダメ」と言《い》われたらかんだり、「そこにいて」と言《い》われたら別《べつ》のところに飛《と》んで行《い》ったりすることもあるわ。

……わりと言《い》うことを聞《き》かない子《こ》なのね。

そうなの、だから……

「永遠《えいえん》の2歳《さい》児《じ》」って
呼《よ》ばれることもあるの。
……実際《じっさい》のあなたは何歳《なんさい》なの？

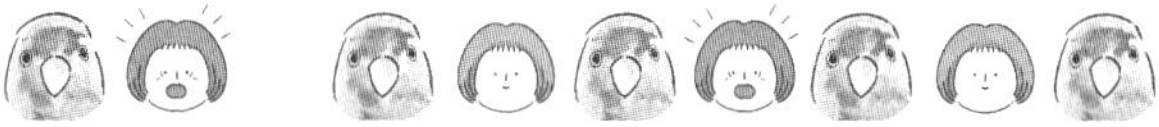

4歳《さい》。

人間《にんげん》で言《い》うと、何歳《なんさい》くらいなんだろう？

30歳《さい》を過《す》ぎたくらいかな。※

すごくおとな！

でもね、子《こ》ども心《ごころ》を忘《わす》れられないの。だから心《こころ》ちゃん、**遊《あそ》ぼ。**

さすが永遠《えいえん》の2歳児《さいじ》……。

インコって、飼《か》い主《ぬし》がそばにいない時間《じかん》が続《つづ》くと、ストレスで自分《じぶん》の羽《はね》をむしっちゃうこともあるのよ。

えぇ〜、そんなにさみしがり屋《や》なんだ！

特《とく》にコザクラインコは、決《き》まった相手《あいて》にあまえる鳥《とり》なの。だから……

※ コザクラインコの寿命《じゅみょう》は10〜15歳《さい》くらい。日本人《にほんじん》の平均寿命《へいきんじゅみょう》は、女性《じょせい》が約《やく》87歳《さい》、男性《だんせい》が約《やく》81歳《さい》。(厚生労働省《こうせいろうどうしょう》：2023年《ねん》)

「ラブバード」と呼《よ》ばれているわ。

ラブ……バード?

コザクラインコは英語《えいご》で「Rosy-faced Lovebird」って言《い》うの。※「バラのような顔《かお》をした愛《あい》の鳥《とり》」という意味《いみ》ね。好《す》きになった相手《あいて》にずっと愛情《じょう》をそそぐのよ、その相手《あいて》が鳥《とり》でも人間《にんげん》でもね。

人間《にんげん》に対《たい》してもなんだ！

そう、コザクラインコは心《こころ》を開《ひら》ける相手《あいて》を見《み》つけて、その相手《あいて》にいっぱいあまえるのよ。

ふーん。

心《こころ》ちゃんもね、少《すこ》しまわりの人《ひと》に心《こころ》を開《ひら》いてみたら？

……どういうこと？

例《たと》えば、クラスに話《はな》しやすい子《こ》とかいないの？

うーん……あんまりいないなぁ。あっ、でも冬島《ふゆしま》君《くん》とかは、わりとよくしゃべるかも。

※「Peach-faced Lovebird」とも呼《よ》ばれる。

だれ!?　それ！
何《なに》！　だれ!?

こうふんしすぎ……
「だれ」を2回《かい》言《い》っちゃってるし。

だれなのそれ!?　オス!?

冬島君《ふゆしまくん》は同《おな》じクラスの男子《だんし》よ。ほかの男子《だんし》よりおとなっぽくて、話《はな》しやすいの。

あぁそうですかそうですか。心《こころ》ちゃんは**冬島《ふゆしま》**となかよくするのね。

呼《よ》び捨《す》て!?

わたしのことはどうでもいいのね。

「だれかに話《はな》してみれば?」って、インコさんが言《い》ってたのに……。

コザクラインコはね、しっと深《ぶか》いの。だから好《す》きな相手《あいて》が別《べつ》の人《ひと》となかよくしてると、攻撃的《こうげきてき》になることもあるのよ。

「好《す》き」と「きらい」って、紙《かみ》一《ひと》重《え》よね。

……。

冬島《ふゆしま》とわたし、どっちが大切《たいせつ》?

……インコさん、だよ。(って言《い》うしかない)

ホント!? うれしい! じゃあさ、じゃあさ……

何《なに》して遊《あそ》ぶ？

やっぱり永遠《えいえん》の2歳児《さいじ》だ……。

あっ、そうだ！　遊《あそ》ぶ前《まえ》に伝《つた》えなきゃいけないことがあったんだ。心《こころ》ちゃん、ハムがいなくなってから元気《げんき》なくて、一人《ひとり》でいる時間《じかん》が多《おお》いんでしょ？

えっ？　なんで知《し》ってるの？

ハムが言《い》ってたわよ。わたしはハムに「心《こころ》ちゃんが落《お》ちこんでるから、アドバイスしてあげて」って言《い》われて、ここに来《き》たの。

……。

元気《げんき》がない時《とき》って、人《ひと》に会《あ》うのもだるいし、一人《ひとり》でいたくなるのも分《わ》かるわ。でも、**じっとしてると悲《かな》しみや不満《ふまん》が心《こころ》の底《そこ》にたまりやすいから、だれかにしゃべってはき出《だ》すことも必要《ひつよう》よ。**別《べつ》にムリして悲《かな》しい気持《きも》ちを話《はな》さなくてもいいの。何《なに》を話《はな》したっていいんだから。

……。

「一人《ひとり》のほうが楽《らく》」って思《おも》うかもしれないけど、だれかと話《はな》すほうが楽《らく》になる場合《ばあい》もきっとあるから。

……うん、分《わ》かった。今《いま》すぐはムリだけど、ちょっと考《かんが》えてみる。

はい、わたしからのアドバイスはこれで終《お》わり！　じゃあ、何《なに》して遊《あそ》ぶ？　つみき？　ひもでつなひき？

すごくいいことを言《い》ってたのに、ホントにあまえんぼうね。

でもこうやって話《はな》してると、悲《かな》しい気《き》持《も》ちも少《すこ》しはまぎれるでしょ？　で、何《なに》して遊《あそ》ぶ？　指《ゆび》でブランコ？　いっしょにおどる？　おいかけっこでもいいよ。**……あっ……あぁぁ〜！**

な、なあに？　急《きゅう》にどうしたの？

イケメン発見《はっけん》！ 心《こころ》ちゃん、
あっち行《い》ってもらえる？

えっ、さっきまであんなにわたしになついてたのに!?

コザクラインコはね、別《べつ》の相手《あいて》を好《す》きになると、もともとの相手《あいて》に興味《きょうみ》がなくなることがあるの。※

……急《きゅう》に興味《きょうみ》を失《うしな》うのも、２歳児《さいじ》っぽいわね。

わたしは今《いま》、このオスに夢中《むちゅう》よ♡

さすがラブバード……。

※　実際《じっさい》は新《あたら》しい鳥《とり》がやってきても、すぐなかよくなるとは限《かぎ》らない。時《とき》には新《あたら》しい鳥《とり》をライバル視《し》して、攻撃《こうげき》することもある。

「だれとも話《はな》したくない」と
思《おも》ってる時《とき》こそ、
だれかと話《はな》すと
少《すこ》し楽《らく》になれるのかもね。

はーーー…もういやなことばっか…
ムカムカ…
どうしたの？はなしてごらん？
えーーー…いいよーー…
すこしでもはなすと気がらくになるよ！
んじゃあ…すこしだけ…
ペラペーラ
ペラペラ
…
あーースッキリした！
むちゃはなすやん

コザクラインコのごはんの時間《じかん》

鳥用《とりよう》フードなどを食《た》べます。

「なんで自分《じぶん》だけ こんな目《め》に……」と 思《おも》ってるのは、 自分《じぶん》だけじゃない。

ミドリガメ

（ミシシッピアカミミガメ）

カメ目《もく》ヌマガメ科《か》

分布《ぶんぷ》 北《きた》アメリカ南部《なんぶ》

甲長《こうちょう》※ オス：約《やく》20㎝　メス：約《やく》28㎝

※ 甲長《こうちょう》とは、こうらの長《なが》さ。

ハロ〜、心《こころ》ちゃん。

今度《こんど》はミドリガメさんね、こんにちは。

あら、心《こころ》ちゃんはわたしのことを知《し》ってるのね。

うん、カメさんといえば緑色《みどりいろ》のイメージがあるよ。

知《し》っててもらえて、すごくハッピーだわ。でもね、「ミドリガメ」は名《な》前《まえ》じゃないの。

えっ？　そうなの？

うん。わたしたちは子《こ》どものころがあざやかな緑色《みどりいろ》だから、「ミドリガメ」って呼《よ》ばれてるだけ。

知《し》らなかった！

まぁ、あだ名《な》みたいなものね。

じゃあ本当《ほんとう》の名前《なまえ》はなあに？

それはね……

名《な》前《まえ》：ミシシッピアカミミガメ

あだ名《な》：ミドリガメ

ミシシッピアカミミガメよ。

ええ!?　ミドリガメと全《ぜん》然《ぜん》ちがう！　ミシシッピ!?

「ミシシッピ」はアメリカにある川《かわ》の名前《なまえ》よ。わたしはアメリカ出身《しゅっしん》のカメなの。※

昔《むかし》から日本《にほん》にいたわけじゃないんだ！　じゃあ、「アカミミガメ」はどういう意味《いみ》？

顔《かお》の横《よこ》に赤《あか》い模様《もよう》があるの。それが赤《あか》い耳《みみ》のように見《み》えるから、「アカミミガメ」というわけ。**体《からだ》があざやかな緑色《みどりいろ》なのは子《こ》ガメだけで、おとなになると暗《くら》い緑色《みどりいろ》や黒《くろ》っぽくなったりするわ。**

ずっと緑色《みどりいろ》なのかと思《おも》ってた。

心《こころ》ちゃん……わたしのこと、実《じつ》は全然《ぜんぜん》知《し》らないのね。

ごめんなさい。本物《ほんもの》のカメさんを見《み》ること、あまりなかったから。

オッケ〜。じゃあまず、カメの基本《きほん》を教《おし》えてあげるわね。

※　メキシコ北部《ほくぶ》もミシシッピアカミミガメの生息地《せいそくち》。

カメは約《やく》300種《しゅ》！

カメは、ヘビやトカゲなどと同《おな》じく爬虫類《はちゅうるい》。約《やく》2億《おく》5000万年前《まんねんまえ》から地球《ちきゅう》にいて、種類《しゅるい》は300種《しゅ》くらいよ。

カメはおなかもこうら！

「カメといえば背中《せなか》のこうら」ってイメージがあるかもしれないけど、実《じつ》はおなかもこうらなの。こうらは、背骨《せぼね》とろっ骨《こつ》でできているわ。

カメはこうらも脱皮《だっぴ》する!

ヘビやトカゲなどの爬虫類《はちゅうるい》が脱皮《だっぴ》するのは知《し》ってる？　実《じつ》はカメも脱皮《だっぴ》するのよ。皮《ひ》ふだけじゃなくて、こうらも1枚《まい》ずつペリペリはがれるように脱皮《だっぴ》するの。

カメの口《くち》はくちばし！

カメの口《くち》は、かたいくちばしなの。歯《は》がないのよね。すごい昔《むかし》は、歯《は》があるカメもいたみたいだけど。

ひなたぼっこは生《い》きるため！

カメがひなたぼっこをするのは、いろいろ意味《いみ》があるのよ。体温《たいおん》を上《あ》げたり、ビタミンDを合成《ごうせい》したり、寄生虫《きせいちゅう》を予防《よぼう》したり……ただのんびり休《やす》んでるだけじゃないからね！

カメはわりとすばやい！

リクガメはノソノソ歩《ある》くけど、水《みず》の中《なか》で暮《く》らすカメはわりとすばやく動《うご》くわよ。特《とく》に子《こ》ガメは速《はや》いわ。小《ちい》さくて、敵《てき》にねらわれることが多《おお》いからかもしれないわね。

こっちも
こうら!!

おなかも、こうらなんだ！

そうよ。

口《くち》もくちばしだったのかぁ。

そうそう。鳥《とり》とかといっしょで、歯《は》がないのよね。

ひなたぼっこは、生《い》きるために必要《ひつよう》なんだね。

うん、ただのんびり太陽《たいよう》に当《あ》たってるだけじゃないのよ。

あと、カメさんってのろまだと思《おも》ってたわ。

……それ、完全《かんぜん》に人間《にんげん》がつくり上《あ》げたイメージよね。さっきも言《い》ったけど、水《みず》の中《なか》で暮《く》らすカメは、わりと速《はや》いわよ。

ゆっくりなイメージしかなかった。

絶対《ぜったい》あれのせいよね。

あれ？

『ウサギとカメ』よ！

あぁ、たしかにそうかも。あのお話《はなし》のカメさん、足《あし》が遅《おそ》いもんね。

心《こころ》ちゃん、『ウサギとカメ』がどこの国《くに》の昔話《むかしばなし》か知《し》ってる？

え？　日本《にほん》の昔話《むかしばなし》じゃないの？

ちがうわ。『ウサギとカメ』は外国《がいこく》の童話《どうわ》よ。『イソップ童話《どうわ》』※の中《なか》にある童話《どうわ》の1つなの。日本語《にほんご》に訳《やく》されたのは、1870年《ねん》ごろと考《かんが》えられてるわ。明治時代《めいじじだい》の初《はじ》めごろね。

なんとなく、もっと昔《むかし》から日本《にほん》にある昔話《むかしばなし》だと思《おも》ってたわ。

重要《じゅうよう》なのはそこじゃないわ、心《こころ》ちゃん。

えっ？

『ウサギとカメ』には、足《あし》が速《はや》いウサギと、足《あし》が遅《おそ》いカメが出《で》てくるでしょ？　でも、あのカメは……

※『イソップ童話《どうわ》（寓話《ぐうわ》）』は、紀元前《きげんぜん》6世紀《せいき》ごろの古代《こだい》ギリシャの作家《さっか》・イソップの作品《さくひん》と言《い》われている。『北風《きたかぜ》と太陽《たいよう》』、『アリとキリギリス』なども有名《ゆうめい》。

リクガメだからね！

ふーん……そうなんだ。
でも、どうして分《わ》かるの？

『ウサギとカメ』の
英語《えいご》のタイトルは
『ノウサギとリクガメ』なんだから。※

……。

ゆっくりなのはリクガメなのに、日本《にほん》ではカメ全体《ぜんたい》が「のろま」って
イメージになっちゃったの。ひどくない？　まぁでも、それは
100歩《ぽ》ゆずって許《ゆる》すわ。不満《ふまん》はもっとあるから。

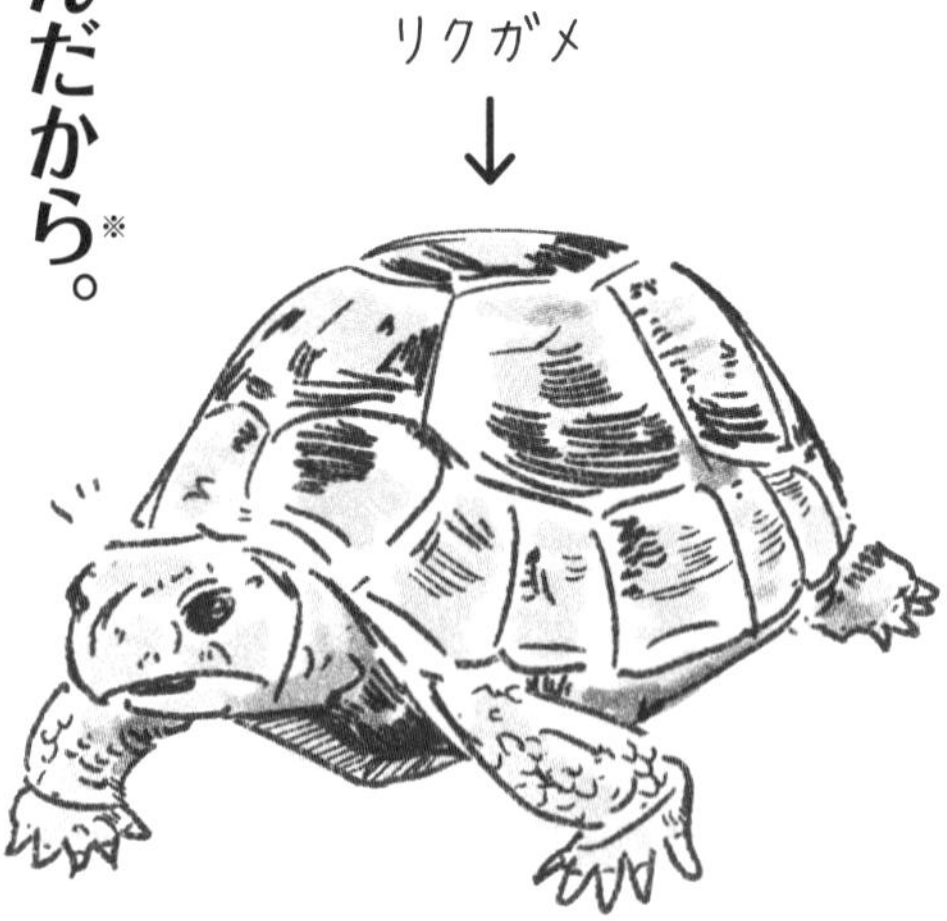

※『ウサギとカメ』の英語《えいご》タイトルは、『The Hare and the Tortoise（ノウサギとリクガメ）』。

不満《ふまん》？

そう。ミシシッピアカミミガメがアメリカ出身《しゅっしん》ってことは、さっき言《い》ったわよね。じゃあ、どうやって日本《にほん》に来《き》たか知《し》ってる？

んー、人間《にんげん》が連《つ》れてきたんじゃない？

正解《せいかい》。じゃあなんのために？

……なんでだろう？

それはね、ペットにするためよ。１９５０年代《ねんだい》からミシシッピアカミミガメの子《こ》ガメが、ペット用《よう》に大量《たいりょう》に輸入《ゆにゅう》されるようになったの。

連《つ》れてこられたことが不満《ふまん》なの？

まぁそれも**100歩《ぽ》ゆずって許《ゆる》してあげるわ。**心《こころ》ちゃん、わたしのママを紹介《しょうかい》していい？

急《きゅう》に？　あっ……さっきブタさんにもママを紹介《しょうかい》されたけど、もしかしてこの流《なが》れは……

ドシ!
ママ

ママ……おっきいね。

そうよ。わたしは子《こ》ガメだからこうらが３㎝だけど、**ママのこうらは30㎝くらいだから。**

そんなに大《おお》きくなるの!?

そうやっておどろいた飼《か》い主《ぬし》は、心《こころ》の中《なか》でこう思《おも》うの。**「もう飼《か》えないかも……」ってね。**

小《ちい》さいころは「かわいいかわいい」って言《い》ってたのに、ひどくない？

……。

まぁでも、**これも100歩《ぽ》ゆずって許《ゆる》せるわ。**でもね、飼《か》い主《ぬし》の中《なか》には悪《わる》い人《ひと》がいて、大《おお》きくなったカメを「飼《か》いきれない」という理由《りゆう》で、川《かわ》に捨《す》てちゃったりしたのよ。これはもう許《ゆる》せない。いったい……

何《なん》百《びゃっ》歩《ぽ》ゆずらせたら気《き》がすむの⁉

……なんかごめんなさい。

心《こころ》ちゃん、わたしたちって何年《なんねん》くらい生《い》きると思《おも》う？

何年《なんねん》だろう？　カメさんは、長生《ながい》きなイメージがあるなぁ。

うちのママは、30年《ねん》生《い》きたわ。※1

ホントに長生《ながい》きね！

何年生《なんねんい》きるかも考《かんが》えないで、ちっちゃい子《こ》ガメを「かわいい」って理《り》由《ゆう》で飼《か》いはじめたのに、大《おお》きくなったら「もういらない」って川《かわ》にポイって……ひどくない？

……ひどいね。

しかもね、増《ふ》えちゃったの。

えっ？

※1　飼《か》っているミシシッピアカミミガメは、30年《ねん》以《い》上《じょう》生《い》きることもある。

増《ふ》えちゃったのよ。

何《なに》が？

川《かわ》に捨《す》てられたカメが、子《こ》どもを産《う》んで、すごく増《ふ》えちゃったのよ。

……。

わたしたち、なんでも食《た》べるし、すごく大《おお》きくなるから、日本《にほん》だとかなり強《つよ》い生《い》き物《もの》なのよね。アメリカにいたころは、ワニとかが天敵《てんてき》だったんだけど、日本《にほん》にワニはいないし。

あなたたちにとって、日本《にほん》は住《す》みやすかったのね。

そう。今《いま》では日本《にほん》の川《かわ》や池《いけ》に約《やく》800万《まん》匹《びき》いるとも言《い》われてるわ。※2

すごい！

そうするとね、こんな意見《いけん》が出《で》てきたの……

※2 データは環境省《かんきょうしょう》が2016年《ねん》に発表《はっぴょう》したもの。それ以外《いがい》に、家《いえ》などで100万《まん》匹《びき》以上《いじょう》のミシシッピアカミミガメが飼《か》われてるとも言《い》われている。

カメ……
ふえすぎじゃない？
えっ…

「あのカメ、増《ふ》えすぎじゃない？」ってね※。

……。

もともとは人間《にんげん》が勝手《かって》に日本《にほん》に連《つ》れてきて、勝手《かって》に川《かわ》に捨《す》てたから増《ふ》えたのよ。完全《かんぜん》に人間《にんげん》のせいなのに……ひどすぎじゃない？

そうだね……。

悪《わる》いのは人間《にんげん》なのに、なんで
ミシシッピアカミミガメが「増《ふ》えすぎ」って、
きらわれ者《もの》にならなきゃいけないの？

なんでわたしだけ、なんで自分《じぶん》だけこんな目《め》に……。

……。

って、思《おも》うこともあったけど、そんな不満《ふまん》を言《い》うのはやめたわ。

えっ、どうして？

※ ミシシッピアカミミガメは、2023年《ねん》に「条件付特定外来生物《じょうけんつきとくていがいらいせいぶつ》」に指定《してい》され、買《か》ったり川《かわ》などに捨《す》てたりすると罰《ばっ》せられる。

自分《じぶん》がつらくなるだけだからよ。心《こころ》ちゃんも、「なんで自分《じぶん》だけこんな目《め》に」って思《おも》うことない？

……ある。わたしだけ、なかま外《はず》れにされた時《とき》とか。

うんうん、そういう時《とき》って「自分《じぶん》が一番不幸《いちばんふこう》」って思《おも》いこんじゃうわよね。でも、わたしも「なんで自分《じぶん》だけ」って思《おも》ったことがあるし、心《こころ》ちゃんも「なんで自分《じぶん》だけ」って思《おも》ったことがある。つまり、**「なんで自分《じぶん》だけ」って思《おも》ってるのは、自分《じぶん》だけじゃないの。**みーんな、どこかで「なんで自分《じぶん》だけ」って思《おも》ってるのよ。

そっかあ……。

「なんで自分《じぶん》だけ」って思《おも》った時《とき》、どんな気持《きも》ちになる？

くやしいし、悲《かな》しいし、ムカムカするし、つらい。

そうなのよ。わたしが「なんで自分《じぶん》だけ」って思《おも》うのをやめたのは、そういう気分《きぶん》になるから。**「なんで自分《じぶん》だけ」って感情《かんじょう》は、**

結局《けっきょく》自分《じぶん》を傷《きず》つけるだけなのよ。

ホント、その通《とお》りだね。

だからわたしは、「なんで自分《じぶん》だけ」ってマイナスな考《かんが》えはやめて、なんでもプラスに考《かんが》えるようにしたの。

どういうこと？

例《たと》えば、カメのマイナスなイメージを何《なに》か言《い》ってみて。プラスなイメージに言《い》いかえるから。

カメさんのマイナスなイメージ？　ん〜、**なんか地味《じみ》。**

ひかえめで落《お》ち着《つ》いてる。　ほかには？

苦手《にがて》な人《ひと》もけっこういる。

好《す》きな人《ひと》からは超《ちょう》愛《あい》される。　ほかには？

えーっと、えーっと……**動《うご》きが遅《おそ》い。**

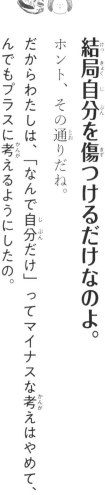

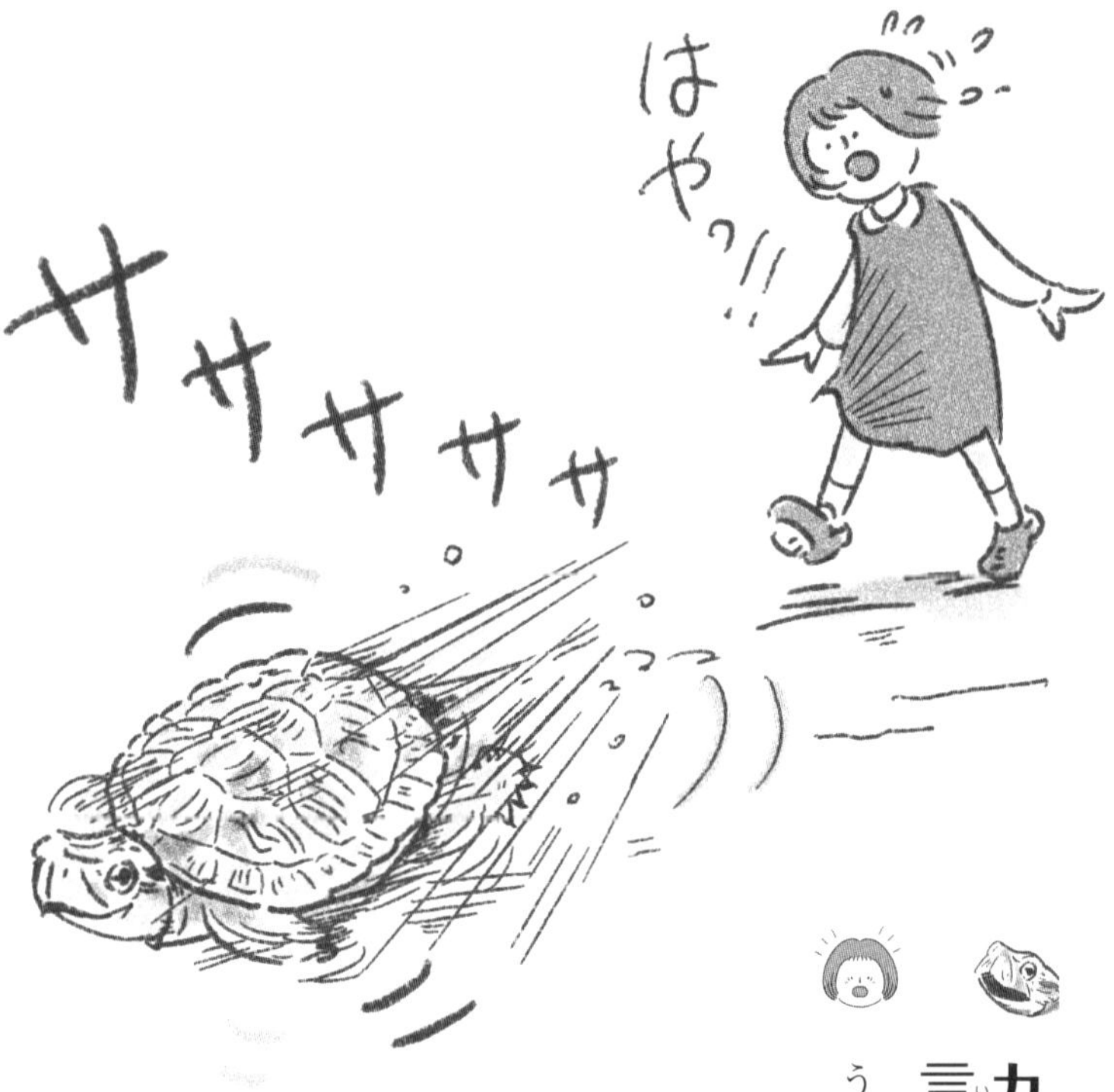

カメはわりと速《はや》いって言《い》ったでしょ！

うわぁ、ホントだ！

「なんで自分《じぶん》だけ
こんな目《め》に……」って
思《おも》うのをやめるだけで、
ちょっと元気《げんき》になれるかも。

はー…
なんで自分《じぶん》だけ…
なんでボクだけ…
えっ…
そっか……
そりゃ…そうだよな…
自分《じぶん》だけじゃない…
みんななやみはあるよな…

ミドリガメのごはんの時間《じかん》

カメ用《よう》フードなどを食《た》べます。

知《し》らなくていい知識《ちしき》も、知《し》ってるとおもしろい。

マダライモリ

有尾目《ゆうびもく》イモリ科《か》

分布《ぶんぷ》 フランス、スペイン、ポルトガル

全長《ぜんちょう》※ 14～16㎝

※ 全長《ぜんちょう》とは、頭《あたま》から尾《お》のはしまでの長《なが》さ。

あら、次《つぎ》はヤモリさんかな？

ちがうちがう、イモリだよ～。

そうなんだ、ごめんなさい。

いいよ～、よくまちがわれるから。わたしの名前《なまえ》はマダライモリ。ヨーロッパで暮《く》らすイモリで、ペットとしても人気《にんき》なの～。

たしかに緑《みどり》と黒《くろ》の模様《もよう》がおしゃれね。あのさ、ヤモリとイモリって、何《なに》がちがうの？

その質問《しつもん》に答《こた》える前《まえ》に、もう少《すこ》しそっちに行《い》くわね～。

うん。

ちょっと待《ま》っててて～。よいしょ……よいしょ。

……。

よいしょ……よいしょ。

なんか……

動《うご》きが……遅《おそ》くない？

よく言《い》われるわ～。

「もっとすばやいと思《おも》ってた」って。

うん、ビュッと走《はし》るイメージがあったから、ちょっとビックリ。

ヘビやトカゲと同《おな》じだと思《おも》ってる人《ひと》、多《おお》いもんね～。

えっ、同《おな》じなかまじゃないの？

ヘビやトカゲと同《おな》じなかまなのはヤモリ。かれらは爬《は》虫類《ちゅうるい》よ～。

ごめんなさい、あなたはイモリだっけ？ ヤモリだっけ？

イモリで～す。

イモリさんは爬《は》虫類《ちゅうるい》じゃないの？

イモリは両生類《りょうせいるい》だよ～。カエルといっしょだね。

へぇ、なんか意外《いがい》ね。イモリさん、カエルにあまり似《に》てないから。

でも、カメだってヘビやトカゲに似《に》てないけど爬《は》虫類《ちゅうるい》だよ～。

ううぅ、頭《あたま》がこんがらがってきた……。

じゃあ、まとめるわね～。

両生類《りょうせいるい》	爬虫類《はちゅうるい》
▶イモリ	▶ヤモリ
▶カエル	▶ヘビ
▶サンショウウオ	▶トカゲ
など	▶カメ　など

ありがとう。どっちがどっちなのかは、よく分《わ》かったわ。でも、ヤモリとイモリさんって、見《み》た目《め》が似《に》てるわよね。何《なに》がちがうの？

ヤモリにはつめがあるけど、イモリにはつめがないよ。あと、ヤモリは陸地《りくち》に多《おお》いけど、イモリは水辺《みずべ》や水中《すいちゅう》にいることが多《おお》いわ。それにヤモリは肺《はい》で呼吸《こきゅう》するけど、イモリは皮《ひ》ふでも呼吸《こきゅう》するわよ。これは全部《ぜんぶ》、爬虫類《はちゅうるい》と両生類《りょうせいるい》のちがいだね～。

けっこうちがうのね。

人間《にんげん》って、「ちがいをよく知《し》らないもの」が多《おお》くない？　例《たと》えば、インコとオウムのちがいを知《し》ってる？

うーん……なんだろう？

じゃあ、チョウとガのちがいは？

……夜《よる》に飛《と》ぶのがガ？　あと、ガは地味《じみ》な色《いろ》をしてるとか？

正解《せいかい》はね……

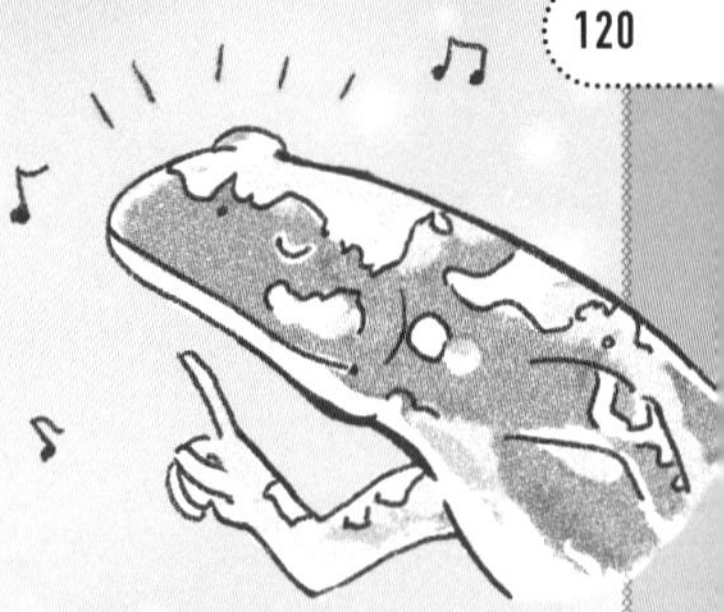

チョウとガ

チョウ	ガ
昼《ひる》に活動《かつどう》するものが多《おお》い	夜《よる》に活動《かつどう》するものが多《おお》い
はねがきれいなものが多《おお》い	はねが地味《じみ》なものが多《おお》い
触角《しょっかく》の先《さき》が丸《まる》っぽいものが多《おお》い	触角《しょっかく》がとがっていたり、ギザギザしているものが多《おお》い

チョウとガは、明確《めいかく》な分《わ》け方《かた》はないよ。昼《ひる》に活動《かつどう》するガや、夜《よる》に活動《かつどう》するチョウもいるからね。触角《しょっかく》の形《かたち》も例外《れいがい》があるし、サツマニシキやニシキツバメガみたいに、はねの美《うつく》しいガもいるんだ〜。

インコとオウム

インコ	オウム
頭《あたま》に長《なが》い羽《はね》がない	頭《あたま》に長《なが》い羽《はね》がある
小《ちい》さい	大《おお》きい

頭《あたま》の長《なが》い羽《はね》は「冠羽《かんう》」って言《い》うんだ。たまに頭《あたま》に冠羽《かんう》のないオウムもいるよ。あと、オカメインコやモモイロインコなどは、名前《なまえ》に「インコ」ってついてるけど、オウムのなかまだから気《き》をつけて〜！

ハムスターとモルモット

ハムスター	モルモット
ほおぶくろがある	ほおぶくろがない
しっぽがある	しっぽがない
後《うし》ろ足《あし》が5本指《ほんゆび》	後《うし》ろ足《あし》が3本指《ぼんゆび》
食《た》べ物《もの》を前足《まえあし》で持《も》って食《た》べる	食《た》べ物《もの》を持《も》たずに食《た》べる
1匹《ぴき》で暮《く》らす	群《む》れで暮《く》らす

ハムスターは見《み》つけた食《た》べ物《もの》を巣《す》に持《も》ち帰《かえ》る時《とき》に、ほおぶくろに入《い》れるんだ。ハムスターのほうがモルモットより小《ちい》さいよ〜。

アザラシとアシカ

アザラシ	アシカ
耳《みみ》たぶがない	耳《みみ》たぶがある
首《くび》が短《みじか》い	首《くび》が長《なが》い
後《うし》ろ足《あし》で泳《およ》ぐ	前足《まえあし》で泳《およ》ぐ
1時間以上《じかんいじょう》もぐれる	もぐる時間《じかん》は5分《ふん》くらい

アザラシのほうが、昔《むかし》から水中《すいちゅう》で暮《く》らしてたと考《かんが》えられているよ。また、陸《りく》にいる時《とき》は、アザラシは前足《まえあし》を使《つか》って体《からだ》を引《ひ》きずるように移動《いどう》するけど、アシカは4本《ほん》の足《あし》を使《つか》って歩《ある》くよ〜。

森《もり》と林《はやし》

森《もり》	林《はやし》
自然《しぜん》の木々《きぎ》	人《ひと》が管理《かんり》している木々《きぎ》

森《もり》は「盛《も》り」が由来《ゆらい》で、盛《も》り上《あ》がった土地《とち》（山《やま》）にある木《き》の意味《いみ》だったみたい。林《はやし》は「生《は》やし」が由来《ゆらい》で、人間《にんげん》が人工的《じんこうてき》に生《は》やした木《き》を意味《いみ》してたそうよ。今《いま》はあまり区別《くべつ》されてないけどね〜。

ミニトマトとプチトマト

プチトマトはミニトマトの品《ひん》種《しゅ》の1つで、1970年代《ねんだい》に日本《にほん》で開発《かいはつ》されて、すごく人気《にんき》だったんだって〜。でも今《いま》はもう、売《う》ってないの。だから今《いま》「プチトマト」って呼《よ》ばれるものは、「ミニトマト」の意味《いみ》で使《つか》われてるんだろうね〜。

ミニトマト	プチトマト
10〜20gくらいの小《ちい》さなトマト	ミニトマトの品種《ひんしゅ》の1つ

パスタとスパゲッティ

パスタ	スパゲッティ
小麦粉《こむぎこ》と水《みず》をねって作《つく》った生地《きじ》	パスタの1つ

パスタは500種類《しゅるい》くらいあるんだって！ スパゲッティもその中《なか》の1つよ。パスタはほかにも、マカロニ、ペンネ、リングイネ、フェットチーネなどがあるわ〜。

ビュッフェ と バイキング

今《いま》は同《おな》じ意味《いみ》で使《つか》われることもあるわね〜。

ビュッフェ	バイキング
立《た》って食《た》べる食事《しょくじ》	食《た》べ放題《ほうだい》

クッキー と ビスケット

クッキー＝ビスケット

ただ、日本《にほん》では糖分《とうぶん》や油《あぶら》が多《おお》くて、手作《てづく》り風《ふう》のものを「クッキー」と呼《よ》ぶこともあるみたい。

バター と マーガリン

バターのほうが固《かた》くて、マーガリンのほうがやわらかいわね〜。

バター	マーガリン
牛《うし》のお乳《ちち》から作《つく》る	植物《しょくぶつ》や動物《どうぶつ》の油《あぶら》から作《つく》る

じょうぎ	ものさし
線《せん》を引《ひ》く道具《どうぐ》	長《なが》さをはかる道具《どうぐ》

じょうぎ と ものさし

じょうぎは漢字《かんじ》で「定規《じょうぎ》」。ものさしは漢字《かんじ》で「物差《ものさ》し」と書《か》くよ。実際《じっさい》には、じょうぎで長《なが》さをはかることも、ものさしで線《せん》を引《ひ》くこともあるだろうけどね〜。

……後半《こうはん》は全然《ぜんぜん》生《い》き物《もの》が関係《かんけい》なかったわね。全部《ぜんぶ》知《し》らなかったし、おもしろかったけど。

じょうぎとものさしのちがいとか、知《し》らなかったでしょ～。

うん。でも……イモリさんは、わたしに雑学《ざつがく》を教《おし》えに来《き》たの？

いや、ハムに「心《こころ》ちゃんを元気《げんき》づけてあげて」と言《い》われて、ここに呼《よ》ばれたんだけど、だんだん話《はな》すのが楽《たの》しくなってきちゃって、**気《き》づいたらじょうぎとものさしのちがいの話《はなし》をしてた～。**

……特《とく》にアドバイスがなかったのね。

でも、こういう雑学《ざつがく》って、知《し》らなくても生《い》きていけるけど、知《し》ってると楽《たの》しいでしょ？

まぁ、そうだけど……。

じゃあサービスで、もう１つ雑学《ざつがく》を教《おし》えてあげる。心《こころ》ちゃん、わたしの頭《あたま》をなでて〜。

（なでなで）

カエルやイモリってね、皮《ひ》ふに毒《どく》があるの〜。

えっ!?　ひどいよ！

だいじょうぶ、※すごい弱《よわ》い毒《どく》だから。さわったあとにきちんと手《て》を洗《あら》えば問題《もんだい》ないから〜。

ビックリした〜。

もう1つ、今度《こんど》はマダライモリの雑学《ざつがく》を教《おし》えるわね。お〜い、お〜い、ちょっとこっち来《き》て〜。

だれを呼《よ》んでるの？

紹介《しょうかい》するわね……

※　南米《なんべい》にいるヤドクガエルのなかまなどは、皮《ひ》ふにとても強《つよ》い毒《どく》がある。

マダライモリのオスよ。

えええ！

なんか恐竜《きょうりゅう》みたい！

オスは交尾《こうび》の時期《じき》だけ、こんな感《かん》じに変身《へんしん》するの。ふだんのオスは、わたしと似《に》た見《み》た目《め》をしてるんだけどね～。

オス……カッコいいわね。

じゃあ、わたしたち、あっちに行《い》くから。またね※～！

結局《けっきょく》、何《なに》しに来《き》たの!?

※ マダライモリは水《みず》の外《そと》で暮《く》らしているが、交尾《こうび》や卵《たまご》を産《う》む時期《じき》だけ水中《すいちゅう》に入《はい》る。この時期《じき》のオスは、ギョロッとした目《め》つきに変《か》わる。

知《し》らなくても
生《い》きていけることって、
知《し》ってると
より楽《たの》しく生《い》きていけるかも〜。

んじゃあさ!! ザリガニってエビかカニかしってる?
名前《なまえ》に「カニ」ってついてるけど〜
もどってきた…
エビのなかまである

マダライモリのごはんの時間《じかん》

アカムシ（ユスリカの幼虫《ようちゅう》）やカメ用《よう》フードなどを食《た》べます。

「変《か》わってるね」は、ほめ言葉《ことば》。

金魚《きんぎょ》

（ランチュウ）

コイ目《もく》コイ科《か》

分布《ぶんぷ》 ペットとして飼育《しいく》

全長《ぜんちょう》※ 15〜20㎝

※　全長《ぜんちょう》とは、頭《あたま》から尾《お》びれのはしまでの長《なが》さ。

さぁさぁ、こちらへ来《く》るがよい。

あ、金魚《きんぎょ》さんだ。あれ？

どうした？

背《せ》びれがないのね。

おぉ、よく気《き》づいたな。**ほめてつかわそう。**

……ありがとう。（なんかえらそう）

おれさまは「ランチュウ」という金魚《きんぎょ》で、背《せ》びれがない種類《しゅるい》なのだ。

そんな金魚《きんぎょ》もいるのね。

ほぉほぉ、そなたはあまり、金魚《きんぎょ》のことを知《し》らないようだな。

ごめんなさい、飼《か》ったことがないから。

では、おれさまが金魚《きんぎょ》の基本《きほん》を教《おし》えよう。**よ～く聞《き》きたまえ。**

う、うん。（やっぱりえらそう）

金《きん》魚《ぎょ》はフナ！

フナは群《む》れになって泳《およ》ぐから、金魚《きんぎょ》も群《む》れになることが多《おお》いのだ。

金《きん》魚《ぎょ》は中《ちゅう》国《ごく》出《しゅっ》身《しん》！

約《やく》1700年前《ねんまえ》に、中国《ちゅうごく》で「ジイ」と呼《よ》ばれるフナから、とつぜん赤《あか》いフナが生《う》まれて、それを人間《にんげん》が育《そだ》てたのが金魚《きんぎょ》のはじまりだと考《かんが》えられてるのだ。品種改良《ひんしゅかいりょう》を続《つづ》けた結果《けっか》、今《いま》ではたくさんの品《ひん》種《しゅ》の金魚《きんぎょ》がいるぞ。有名《ゆうめい》なのは、ワキン、リュウキン、オランダシシガシラ、ランチュウなどだな。

金《きん》魚《ぎょ》の卵《たまご》は数《すう》百《ひゃっ》個《こ》！

品種《ひんしゅ》にもよるが、金魚《きんぎょ》は一度《いちど》に500個以上《こいじょう》の卵《たまご》を産《う》むこともあるのだ。

金魚《きんぎょ》には胃《い》がない！

金魚《きんぎょ》には胃《い》がなくて、食《た》べ物《もの》を体《からだ》にためておけないのだ。いつも食《た》べ物《もの》を食《た》べようとするのは、そのせいだ。

金魚《きんぎょ》は目《め》を開《あ》けたままねむる！

金魚《きんぎょ》がじっとしていたら、それはねむっているかもしれないぞ。金魚《きんぎょ》にはまぶたがないから、目《め》を開《あ》けたままねむるのだ。ちなみに、金魚《きんぎょ》の寿命《じゅみょう》は10〜15年《ねん》くらいなのだ。

ランチュウは泳《およ》ぐのが遅《おそ》い！

背《せ》びれのないランチュウは、金魚《きんぎょ》の中《なか》でも特《とく》に泳《およ》ぐのが遅《おそ》いのだ。まぁ、遅《おそ》いというか、ゆったり堂々《どうどう》としてるということだな。

金《きん》魚《ぎょ》さんって、もともとはフナなのね！

うむ。群《む》れで泳《およ》ぐフナが先祖《せんぞ》だから、金《きん》魚《ぎょ》も群《む》れで泳《およ》ぐことが多《おお》いのだ。

昔《むかし》の習性《しゅうせい》が残《のこ》ってるんだ。そういえば金《きん》魚《ぎょ》すくいの金《きん》魚《ぎょ》も、みんな同《おな》じ方向《ほうこう》に泳《およ》いでたりするもんね。

ほぅ。そなたは金《きん》魚《ぎょ》の知識《ちしき》はないが、観察力《かんさつりょく》はあるようだな。それもほめてつかわそう。

……ありがとう。

しかしな、そなたは知《し》らないだろうが、**海外《かいがい》では、**

金《きん》魚《ぎょ》すくいが禁止《きんし》されたこともあるのだぞ。

えええ！　なんで？

「かわいそう」ってことだろうな。ほかにも海外《かいがい》には、**丸《まる》くて小《ちい》さな金魚鉢《きんぎょばち》で金魚《きんぎょ》を飼《か》うのが禁止《きんし》された街《まち》もあるのだ。**※

それはなんでだろう？

「金魚鉢《きんぎょばち》が丸《まる》いと、外《そと》の景色《けしき》がゆがんで見《み》えて、金魚《きんぎょ》の目《め》に悪《わる》い」ということが、理由《りゆう》の１つらしい。

金魚鉢《きんぎょばち》の水面《すいめん》で口《くち》をパクパクさせてるのとか、かわいいのになぁ。

それもだ。

えっ？

それも禁止理由《きんしりゆう》の１つだ。

どういうこと？

口《くち》をパクパクさせるのはな……

※　イタリアの街《まち》で、「金魚鉢禁止令《きんぎょばちきんしれい》」がつくられたらしい。

酸素《さんそ》が足《た》りない時《とき》なのだ。金魚《きんぎょ》は金魚鉢《きんぎょばち》が小《ちい》さかったり、水《みず》がよごれていたりすると、苦《くる》しくて水面《すいめん》で口《くち》をパクパクするのだ。

そうだったんだ！　ごはんを待《ま》ってるのかと思《おも》ってた。

もちろんごはんがほしい時《とき》の場合《ばあい》もあるがな。モリモリ食《た》べて大《おお》きくなったランチュウは、時《とき》には20㎝近《ちか》くになることもあるのだ。※

20㎝！　そんなに大《おお》きな金魚《きんぎょ》、見《み》たことないや。

おれさまもよく食《た》べるから、これからきっと大《おお》きくなるぞ。

さっきからちょっと気《き》になってるんだけど……。

なんだ？

ランチュウさん、お話《はなし》はていねいで分《わ》かりやすいんだけど、なんかちょっと、変《か》わってるというか……。

がっはっは！　そうだろう！

……自分《じぶん》のこと、「おれさま」って言《い》ったりするし。

あぁ、そこか。おれさまが自信満々《じしんまんまん》なのはな、ランチュウが……

※　せまいところで育《そだ》った金魚《きんぎょ》は、大《おお》きくなりにくいと言《い》われている。逆《ぎゃく》に池《いけ》などの広《ひろ》いスペースで育《そだ》てると、すごく大《おお》きくなることもある。

「金魚《きんぎょ》の王《おう》さま」と呼《よ》ばれるからだ。中《なか》には数百万《すうひゃくまん》円《えん》するランチュウもいるのだぞ。

えぇ！　高《たか》い！　背《せ》びれがないし、ぷっくりしててコブもあるし、泳《およ》ぐのも遅《おそ》いのに人気《にんき》なのね。わたしからすると、かなり変《か》わってる金魚《きんぎょ》だけど。

がっはっは！　そうだろうそうだろう！

……ごめんなさい、ほめてないのよ。

ん？　そなたは「変《か》わってる」を、悪《わる》い意味《いみ》で使《つか》っているのか？

えっ、いや、えーっと……。

「変《か》わってる」のは、悪《わる》いことなのか？

だって……わたしもクラスの子《こ》に「変《か》わってる」って、バカにされたことあるし。

なんで変《か》わってちゃいけないのだ？

……みんなとちがってると変《へん》だし、なかま外《はず》れにされるでしょ？

おれさまにとって「変《か》わってる」は、最大《さいだい》のほめ言葉《ことば》だぞ。変《か》わってる部分《ぶぶん》こそが、おれさまの個性《こせい》なのだから。さっきそなたが言《い》ったランチュウの変《か》わってるところを、もう一度《いちど》言《い》ってみたまえ。

えっ？

ほら、ランチュウのどこが変《か》わってると感《かん》じるのだ？

えーっと……

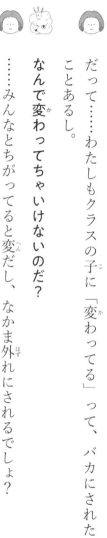

背《せ》びれがない
シンプルで美《うつく》しい

泳《およ》ぐのが遅《おそ》い
ゆったり堂《どう》々《どう》としてる

ぷっくりしててコブがある
見《み》た目《め》がユニークでめずらしい

……なんかちょっと強引《ごういん》じゃない？

いや、自分《じぶん》に自信《じしん》がつけば、それでいいのだ。さっきカメも言《い》ってただろう、「マイナスに考《かんが》えるのはやめてプラスに考《かんが》えろ」と。

まぁ、言《い》ってたけど……。

そなたみたいな優《やさ》しいタイプは、マイナスに考《かんが》えるのは今《いま》すぐやめたほうがいい。どんどん深《ふか》みにはまっていくから。

でも、わたしはしゃべるの苦手《にがて》だし、人《ひと》に意見《いけん》を言《い》えないし、なんでもすぐあきらめちゃうし……。

こらこら、マイナスの沼《ぬま》にしずみかけているぞ。

だって……。

よし、おれさまがすべてプラスに言《い》いかえてやろう。自分《じぶん》の変《か》わってると思《おも》うところを言《い》ってみるがよい。

えーっと、わたしは……

みんなが
遊《あそ》んでる時《とき》も一人《ひとり》で
本《ほん》を読《よ》んじゃう

みんなより
一人《ひとり》の時間《じかん》を
楽《たの》しめる

すごく恥《は》ずかしがり

すごくひかえめで
つつましい

すぐ落《お》ちこむ

びっくりするほど
感受性《かんじゅせい》が豊《ゆた》か

うれしいけど、やっぱり強引《ごういん》な気《き》が……。

いや、プラスに思《おも》いこむことが大切《たいせつ》なのだ。何度《なんど》も言《い》うが、変《か》わってることこそが個性《こせい》なのだから。

そうかなぁ。みんなと同《おな》じほうが、過《す》ごしやすい気《き》もするけど。

では1つ例《たと》え話《ばなし》をしよう。金魚《きんぎょ》すくいでよく見《み》る「和金《わきん》」という種類《しゅるい》の金魚《きんぎょ》は、体《からだ》がじょうぶでたくさん増《ふ》やすことができるのだ。

あっ、この金魚《きんぎょ》はよく見《み》るふつうの金魚《きんぎょ》ね。

でも、もし和金《わきん》の数《かず》がすごく少《すく》なくて、ランチュウの数《かず》がすごく多《おお》かったら、どうなっていたと思《おも》う？

うーん、ランチュウが「ふつうの金魚《きんぎょ》」になるわね。

そう、逆《ぎゃく》に和金《わきん》が「変《か》わってる金魚《きんぎょ》」になるから……

和金《わきん》

ヒレふす、
のじゃ〜
さかなだけに…
く、ふ、ふ…
…

和金《わきん》が「金魚《きんぎょ》の王《おう》さま」になるってことだ！
あいつらおれさまより泳《およ》ぐの速《はや》いし、生命力《せいめいりょく》も強《つよ》いし。くぅぅ。

実際《じっさい》はちがうんだから、そんなくやしがらなくても……。

これで分《わ》かっただろう。みんなと同《おな》じより、変《か》わっているほうが評価《ひょうか》されるんだ。そなたも「みんなと同《おな》じがいい」なんて思《おも》わなくていいのだぞ。**「変《か》わってる」と笑《わら》ってくるヤツのことなんか、逆《ぎゃく》に笑《わら》い飛《と》ばしてやればいい。**みんなとちがって変《か》わってることは、自分《じぶん》だけの強《つよ》みになるのだから。

自分《じぶん》だけの強《つよ》みか。ちょっとでも自信《じしん》をもてるように、がんばってみようかな。

うむうむ、がんばりたまえ。

うん。勇気《ゆうき》づけてくれてありがとう。

まぁでも……

おれさまの自信《じしん》には
勝《か》てないだろうけどな。

……。

なんたっておれさまは
「金魚《きんぎょ》の王《おう》さま」
だから!

言《い》うと思《おも》ったよ。

「変《か》わってる」と
言《い》われる部《ぶ》分《ぶん》が、
自《じ》分《ぶん》の強《つよ》みになるかも
しれぬぞ。

ボクはまだ稚魚《ちぎょ》だから
王子様《おうじさま》ってとこかな
フフフフ

金魚《きんぎょ》のごはんの時間《じかん》

金魚用《きんぎょよう》フードなどを食《た》べます。

✕にげちゃダメ
○にげなきゃダメ

オオクワガタ

コウチュウ目《もく》クワガタムシ科《か》

分布《ぶんぷ》 日本《にほん》など

体長《たいちょう》※1 オス21〜77㎜　メス22〜48㎜

※1　体長《たいちょう》とは、大《おお》アゴの先《さき》からおしりまでの長《なが》さ。

あ、クワガタだ！※2

やばい、見《み》つかった！　にげろ！　……って、なんだ、心《こころ》ちゃんか。

わたしのことを知《し》ってるの？

知《し》ってるよ。ここにいる生《い》き物《もの》は、みんな君《きみ》を応援《おうえん》しに来《き》てるんだ。

えっ？　どうして？

ハムに呼《よ》ばれたんだよ、「心《こころ》ちゃんを元気《げんき》づけに来《き》てほしい」って。

そういうことだったんだ。（ここはどこなんだろう？）

ぼくの名前《なまえ》はオオクワガタ。ぼくからの応援《おうえん》メッセージはね、勇気《ゆうき》を出《だ》してほしいということ。心《こころ》ちゃん、クラスの子《こ》から「変《か》わってる」って言《い》われたらしいね。そういう時《とき》はちゃんと……

「勇気《ゆうき》を出《だ》して言《い》い返《かえ》せ！」とか言《い》うんでしょ？

ちがうちがう。ちゃんと……

※2　正式《せいしき》な呼《よ》び方《かた》は「クワガタムシ」。

にげなきゃダメだよ。

そっち!?

オオクワガタはね、危険《きけん》を感《かん》じたらすぐにげるんだ。

ええ！ そんな大《おお》きなツノがあるから、すぐ戦《たたか》うのかと思《おも》ってたよ。もしかして、よわ……

弱《よわ》くないから！ 強《つよ》いから！ この大《おお》アゴを使《つか》って、カブトムシだって投《な》げ飛《と》ばすこともあるんだから。でも、ぼくがこの大《おお》アゴを使《つか》って戦《たたか》うのは、最後《さいご》の手段《しゅだん》なんだ。

知《し》らなかったわ……。

ぼくレベルになると、ちょっとした音《おと》や光《ひかり》とか気配《けはい》も感《かん》じとって、すぐにげるからね。この平《ひら》たい体《からだ》で、木《き》のすき間《ま》にサッと。

やっぱり、よ……

弱《よわ》くない、強《つよ》いから！ ムダに戦《たたか》うのはよくないってことを言《い》いたいの。だって戦《たたか》うと、勝《か》っても負《ま》けても……

傷《きず》つくでしょ。

……そうね。

心《こころ》ちゃんもイヤなことを言《い》う人《ひと》に、言《い》い返《かえ》す必要《ひつよう》なんてないよ。戦《たたか》えば戦《たたか》うほど、傷《きず》が増《ふ》えるだけだから。

「にげちゃダメ」って言《い》う人《ひと》が多《おお》いけど、ホントは「にげなきゃダメ」なんだ。

苦手《にがて》な人《ひと》がいたらにげる。きょりをとる。これが生《い》きる基本《きほん》だよ。

「にげるな」って言《い》われるのかと思《おも》ってた。にげていいんだね。

「にげていい」っていうか、「にげなきゃダメ」だと思《おも》うよ。心《こころ》ちゃんは今《いま》、落《お》ちこんで元気《げんき》がないんでしょ？　そういう時《とき》って、マジであぶない時《とき》だから。生《い》きるために、にげるのは本当《ほんとう》に大切《たいせつ》。まわりの人《ひと》の「がんばれ」って言葉《ことば》にまどわされちゃダメだよ。

ありがとう。でも、「にげる」って具体的《ぐたいてき》にどうすればいいの？

例《たと》えば虫《むし》にはね、いろんなにげ方《かた》があるんだ。ほら……

大《おお》きい敵《てき》を見《み》てにげる！

小《ちい》さいカブトムシ

小《ちい》さいカブトムシが大《おお》きいカブトムシと向《む》かい合《あ》うと、戦《たたか》わないでにげることもけっこうあるよ。

あわの中《なか》にかくれる!

シロオビアワフキの幼虫《ようちゅう》

腹《はら》から出《だ》した分泌液《ぶんぴつえき》をあわにして、その中《なか》で暮《く》らすんだ。あわがあると、敵《てき》は呼吸《こきゅう》できなくなるんだよね。

つつにこもる!

ツツハムシの幼虫《ようちゅう》

敵《てき》が近《ちか》づいてくると、なんと自分《じぶん》のフンでつくったつつの中《なか》にかくれるんだ。

オナラをしてにげる!

ミイデラゴミムシ

危険《きけん》を感《かん》じると、おしりから100℃以上《いじょう》のガスを出《だ》すんだ。この時《とき》、「プッ」と音《おと》を出《だ》すので「へっぴり虫《むし》」とも呼《よ》ばれるよ。

足《あし》を切《き》ってにげる!

エダナナフシ

敵《てき》に足《あし》をつかまれると、自分《じぶん》で足《あし》を切《き》ってにげるんだ。この行動《こうどう》を「自切《じせつ》」って言《い》うよ。

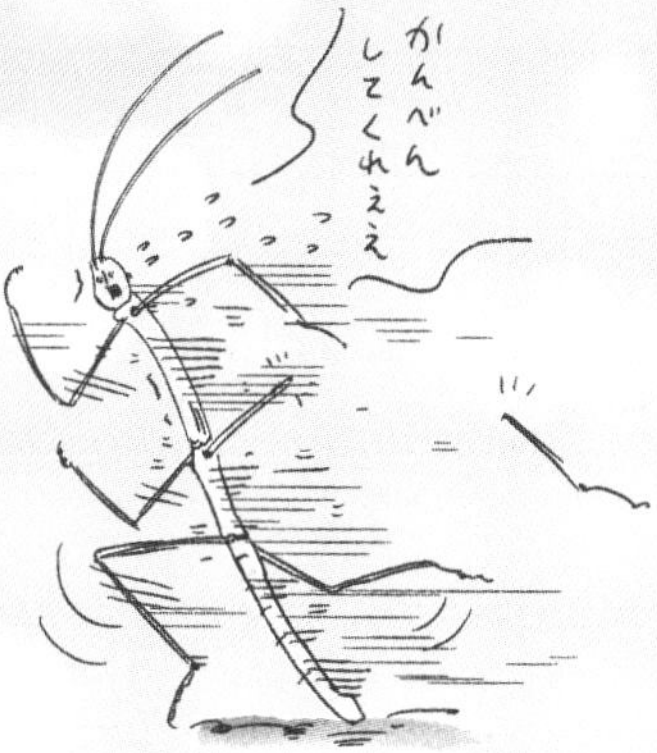

死《し》んだふりを
する
テントウムシ

死《し》んだふりを
する
オオゾウムシ

死《し》んだふりを
する
タマムシ

死《し》んだふりをする
ツチハンミョウ

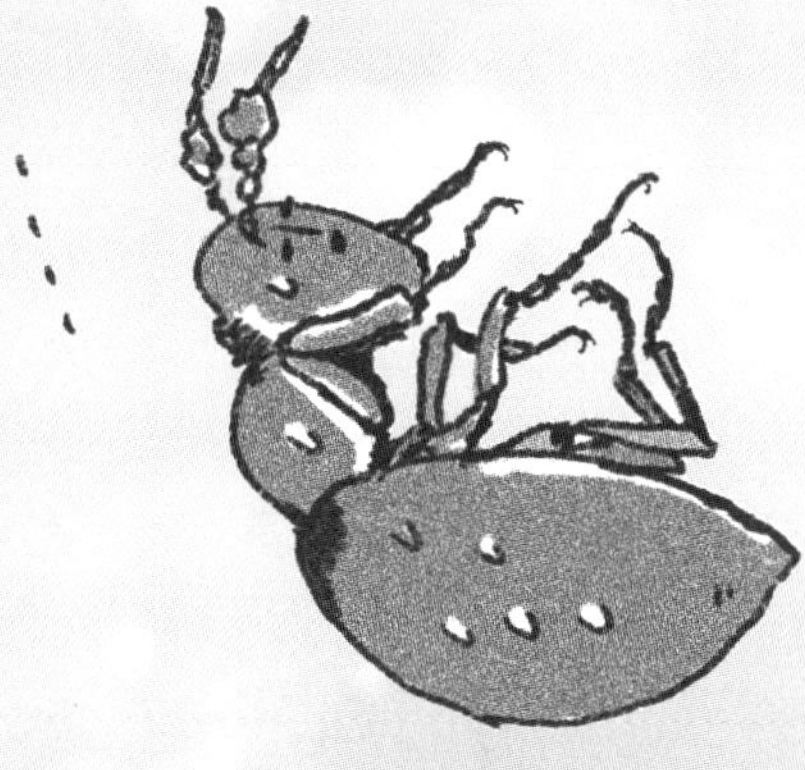

死《し》んだふりをする
ヒメカマキリ

※ 死《し》んだふりのことを「擬死《ぎし》」と言《い》う。

死《し》んだふりって……意《い》味《み》あるの？　いろんな虫《むし》がやってたけど。

死《し》んだふりをして、敵《てき》がいなくなるまで動《うご》かないんだ。そうすれば見《み》つかりにくいから。

ふーん、そういうもんなのかな。

ぼくもときどきやるよ。

……。（やっぱり弱《よわ》そう）

弱《よわ》くないからね。

……でも、そんな強《つよ》そうなツノがあるのに、なんだか不《ふ》思《し》議《ぎ》ね。

言《い》ったでしょ、この大《おお》アゴは最《さい》後《ご》の手《しゅ》段《だん》だって。

カブトムシがにげることもあるっていうのも、ビックリだったわ。

みんな生《い》きるために、ちゃんと相《あい》手《て》をおそれるんだ。自《し》然《ぜん》界《かい》では、おそれ

を知《し》らないヤツは長生《なが い》きできないよ。危険《きけん》な目《め》に合《あ》いすぎて命《いのち》を落《お》としちゃうからね。正《ただ》しくおそれて、正《ただ》しくにげるのが大切《たいせつ》なんだ。

「正《ただ》しくにげる」って、なんか変《へん》な言葉《ことば》。

危険《きけん》な相手《あいて》には近《ちか》づかないこと。
危険《きけん》を感《かん》じたらすぐにげること。オオクワガタはその鉄則《てっそく》を守《まも》って、貴重《きちょう》な虫《むし》になれたんだよ。

貴重《きちょう》な虫《むし》？

ほら、オオクワガタって見《み》た目《め》がカッコいいでしょ？

……自分《じぶん》で言《い》うんだ。

だから人間《にんげん》たちはオオクワガタをつかまえようとするんだけど、数《かず》が少《すく》なくて見《み》つけにくいし、見《み》つけてもすぐにげちゃうからつかまえにくいんだよね。昔《むかし》はお店《みせ》で買《か》うと、１匹《ぴき》で数十万円《すうじゅうまんえん》することもあったんだよ。そんなこともあってオオクワガタは……

「黒《くろ》いダイヤモンド」
と呼《よ》ばれたのさ。
すてきなあだ名《な》!

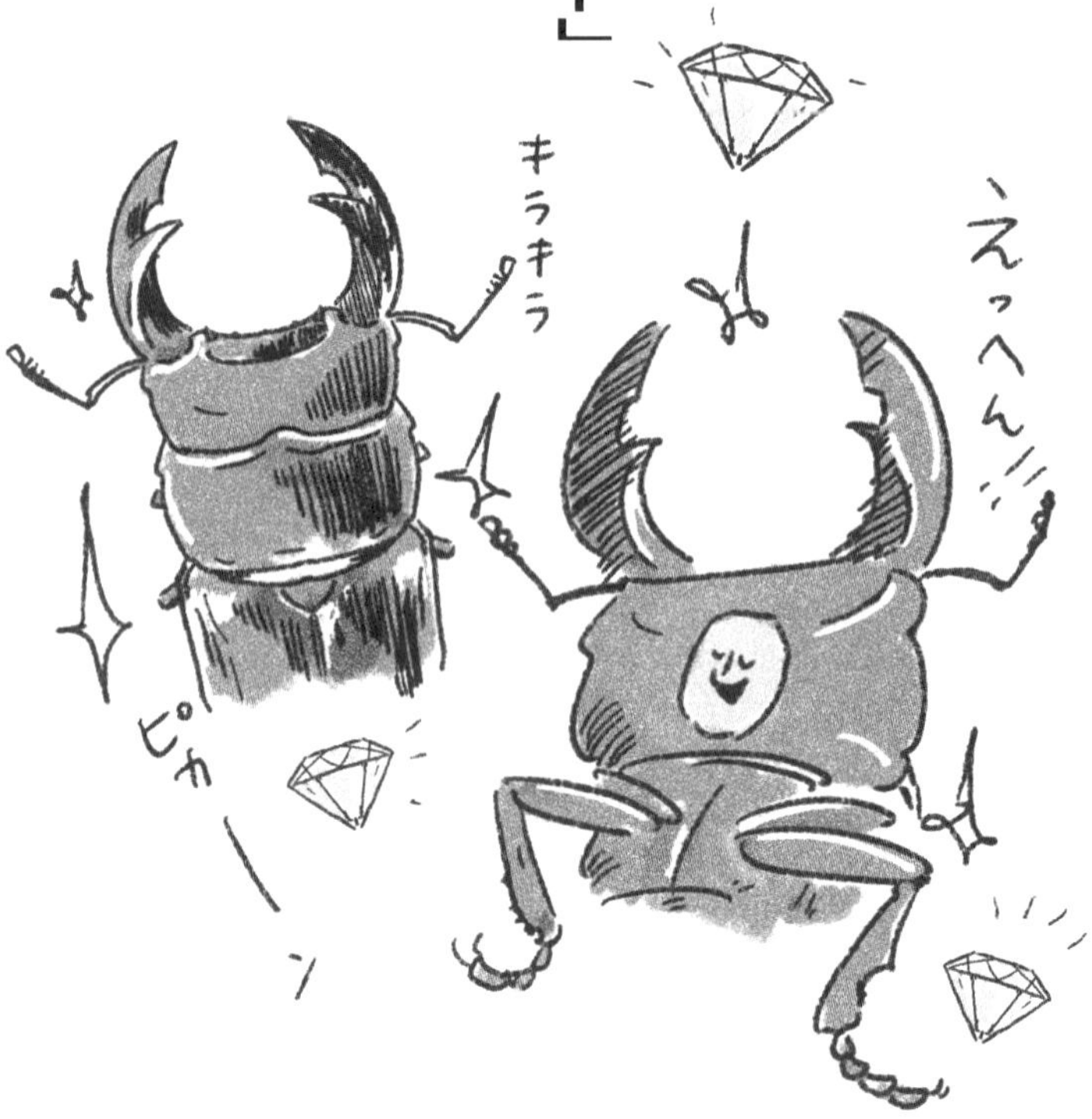

まぁ、今《いま》はお店《みせ》で昔《むかし》より安《やす》く買《か》えるけどね※。

自然《しぜん》だとつかまえにくいのは、今《いま》も昔《むかし》もいっしょなの？

うん、オオクワガタは基本的《きほんてき》にずっと木《き》のすき間《ま》から出《で》ないし、出《で》たとしても樹液《じゅえき》のある木《き》に行《い》くくらいだし、出《で》る時間《じかん》も夜《よる》から朝《あさ》なんだ。

だからかなりつかまえづらいと思《おも》うよ。

ちなみに、あなたは自然《しぜん》にいたの？　それとも飼《か》われていたの？

ぼくはね、自然《しぜん》で人間《にんげん》につかまって、

それから飼《か》われてたんだ。

……。（つかまったんだ）

弱《よわ》くないからね。

分《わ》かったわ。でも、思《おも》ってたよりおとなしい性格《せいかく》でビックリ。クワガタさんって、ツノがあるからもっとケンカ好《ず》きなのかと思《おも》ってた。

あのね心《こころ》ちゃん、さっきから言《い》おうと思《おも》ってたんだけど……

※　今《いま》は飼育《しいく》して増《ふ》やしたオオクワガタがたくさんいるため、昔《むかし》より安《やす》い。飼育《しいく》したオオクワガタは、自然《しぜん》のオオクワガタより大《おお》きいものがいる。

ツノじゃなくて
アゴだから！
クワガタの頭《あたま》にある
でっぱりは大《おお》アゴ！
ツノはカブトムシだから！
心《こころ》ちゃんが「ツノ」って
言《い》うたびに、
ぼくは「アゴ」って
言《い》い直《なお》してたのに！

そうだったの！
カブトムシといっしょで
ツノだと思《おも》ってた。

それ……ぼくたちに一番《いちばん》言《い》っちゃいけない言葉《ことば》だからね。

ごめんなさい、ちゃんと覚《おぼ》えます。

まぁいいや。とにかく、だいじょうぶじゃない時《とき》に、ムリしてだいじょうぶなふりをする必要《ひつよう》ないよ。

正《ただ》しくにげなきゃ。

正《ただ》しくにげるのが大切《たいせつ》なことは分《わ》かったけど……。

けど？

具体的《ぐたいてき》にわたしは、どうやってにげればいいの？　クラスの子《こ》が苦手《にがて》な場合《ばあい》、「にげる」と言《い》っても毎日会《まいにちあ》わなきゃいけないし。

それは……。

……。

……。

あっ！

死《し》んだふり、ずるい！

……。

わざわざそんなことしないで、飛《と》んでにげちゃえばよかったのに。

オオクワガタは、めったに飛《と》ばないんだ。

そうなの!?　っていうか飛《と》べないんじゃ？　やっぱり、よ……

弱《よわ》くはないから！
強《つよ》いから！

ホントにつらい時《とき》は、
にげなきゃダメ！
どこへにげたって
未来《みらい》につながってるから、
きっとだいじょうぶ！

みよっ!! このかがやくアゴを!!!
すごいだろ!!
ぜったいにまけないぜ!!!
バサッ バサッ
カラス!!!!!
ササササ
よし、まけてない…
戦《たたか》わなければまけないのだ

オオクワガタのごはんの時間《じかん》

昆虫《こんちゅう》ゼリーなどを食《た》べます。

たった1文字《もじ》で、印象《いんしょう》はガラリと変《か》わる。

ヨウム

オウム目《もく》(インコ目《もく》)インコ科《か》

分布《ぶんぷ》 アフリカ中部《ちゅうぶ》

全長《ぜんちょう》※1 28〜39㎝

※1　全長《ぜんちょう》とは、くちばしの先《さき》から尾羽《おばね》のはしまでの長《なが》さ。

こんにちは心《こころ》ちゃん。ぼくはヨウムだよ。

オウムじゃなくてヨウム？

そうそう、ヨ・ウ・ム。よろしくね。インコと同《おな》じなかまだよ。

じゃあ、しゃべるのがうまいの？

するどいね、超《ちょう》得《とく》意《い》だよ！※2 ヨウムには太《ふと》くて丸《まる》いベロがあって、これが人間《にんげん》の言葉《ことば》をマネするのに役立《やく だ》ってるんだ。頭《あたま》がよくてコミュニケーションもとれるから、ペットとしても人気《にんき》だよ。すごくない？

ヨウムってすごくない？

すごいグイグイくるね……。

ごめんごめん、ついこうふんしちゃって。アイム・ソーリー。※3

……なんでそんなにたくさんしゃべるの？

それはね……

※2 ヨウムはインコ目《もく》の鳥《とり》の中《なか》でも、特《とく》に人間《にんげん》のマネが得意《とくい》と言《い》われている。

※3 アイム・ソーリー（ごめんなさい）は、英語《えいご》で「I'm sorry」と書《か》く。

バサ
バサ
パサ

なかまといっしょに暮《く》らしているからだよ。野生《やせい》のヨウムは群《む》れで行動《こうどう》して、鳴《な》き声《ごえ》でコミュニケーションをとりながら生《い》きているんだ。時《とき》には1000羽《わ》近《ちか》くのヨウムがいっしょにいることもあるんだよ。※

そんなに!?

そうそう。集団《しゅうだん》で暮《く》らしていると、みんなとなかよくしないと生《い》きていけないから、自然《しぜん》とおしゃべりがうまくなったんだ。

生《い》きるために必要《ひつよう》だったのね。

ちなみに、昔《むかし》「天才《てんさい》」と呼《よ》ばれたヨウムがいるんだけど、もちろん知《し》ってるよね？

いや、知《し》らないわ。

えっ？　ホントに知《し》らないの？

※　ペット用《よう》につかまえられたり、森《もり》が減《へ》ってしまったりして、野生《やせい》のヨウムの数《かず》は減《へ》っている。そのため、野生《やせい》のヨウムの取引《とりひき》は禁止《きんし》されている。

アレックスさまのことを。
アレックスさまは1977年《ねん》から2007年《ねん》までアメリカの研究者《けんきゅうしゃ》※に飼《か》われていて、約《やく》50の物《もの》の名前《なまえ》と、7つの色《いろ》と、5つの形《かたち》と、8くらいまでの数字《すうじ》を理解《りかい》したんだ。人間《にんげん》の4～5歳児《さいじ》くらいの知能《ちのう》があったと言《い》われる天才《てんさい》ヨウムなんだよ。

そうなんだ。（今《いま》、人間《にんげん》の言葉《ことば》をしゃべってるヨウムさんのほうが天才《てんさい》な気《き》もするけど……）

アレックスさま、
すごいでしょ？
マジ神《かみ》でしょ？

※ アレックスを飼《か》っていたのは、アメリカの鳥類研究者《ちょうるいけんきゅうしゃ》であるアイリーン・M・ペパーバーグ。

またグイグイくる……。ホントによくしゃべるわね、ヨウムさんって。

あぁ、アイム・ソーリー。ついおしゃべりが止《と》まらなくなっちゃって。ヨウムは群《む》れで暮《く》らす鳥《とり》だから、常《つね》にだれかコミュニケーションできる相手《あいて》が必要《ひつよう》と言《い》われてるんだ。

1匹《ぴき》になるのが苦手《にがて》なのね。

あっ、そうだ！　アレックスさまのことをしゃべるのに夢中《むちゅう》で、ハムからお願《ねが》いされてたことを伝《つた》え忘《わす》れるとこだった！

えっ？　ハムがどうしたの？

では、ここで1つ質問《しつもん》です。今日《きょう》の夕食《ゆうしょく》を選《えら》べるとしたら、ハンバーグとカレー、どっちがいいですか？

急《きゅう》に!?

いいから答《こた》えて。早《はや》く答《こた》えて！

ん〜、じゃあカレーでいい。

ちがう！　０点《てん》！

えっ、なんで⁉　わたしが「カレー」と思《おも》ったら、
カレーが正解《せいかい》でしょ？

まちがえてます、言《い》い方《かた》を。

……言《い》い方《かた》？

心《こころ》ちゃんって、お母《かあ》さんに
「夕飯《ゆうはん》は何《なに》がいい？」
って聞《き》かれた時《とき》、今《いま》みたいに
「カレーでいい」
って答《こた》えてたでしょ？

ん〜、覚《おぼ》えてないけど、
それのどこが悪《わる》いの？

全然《ぜんぜん》ダメだよ。

どうして？

「別《べつ》になんでもいいけど、
食《た》べなきゃいけないならカレーでいいや」
っていう感《かん》じがするからだよ。
そんなの、ごはんを作《つく》ってくれるお母《かあ》さんに失礼《しつれい》でしょ？

……じゃあなんて言《い》えばいいの？

「カレーがいい」って言《い》わないと。

何《なに》がちがうの？

えっ、全然《ぜんぜん》ちがうよ！「で」と「が」！

1文字《もじ》だけ？

その1文字《もじ》のちがいがすごく重要《じゅうよう》なんだよ！　「カレーでいい」だと「別《べつ》になんでもいい」という後《うし》ろ向《む》きな気持《きも》ちを感《かん》じるけど、「カレーがいい」だと、「いろいろある食《た》べ物《もの》の中《なか》でもお母《かあ》さんのカレーが食《た》べたい！」という前向《まえむ》きな気持《きも》ちが伝《つた》わるでしょ？

そういうもんかなぁ。

ちなみに、アレックスさまは「ブドウがほしい」と言《い》ってバナナを出《だ》された時《とき》は、食《た》べてすぐプッとはき出《だ》して、ブドウを出《だ》してもらえるまで「ブドウがほしい」って言《い》い続《つづ》けたらしいよ。ねばり強《づよ》いよね。

そ、そうなんだ。（ねばり強《づよ》いっていうか、わがまま……）

では2つ目《め》の質問《しつもん》です。ヨウムをほめるとしたら、心《こころ》ちゃんはなんとほめますか？

今度《こんど》はほめるの？

さぁ、ほめてほめて。

う～ん。

なんでもいいから。早《はや》く早《はや》く！

鳥《とり》なのにいっぱいしゃべれて、**頭《あたま》がいいんだね。**

ちがう！　50点《てん》！

え〜、なんで？　ちゃんとほめたのに。

「頭《あたま》がいいんだね」じゃなくて？

頭《あたま》はいいんだね？

ちがう！　それは0点《てん》！

「頭《あたま》はいい」だと「頭《あたま》以《い》外《がい》は悪《わる》い」と言《い》ってるのと同《おな》じでしょ！

頭《あたま》だけはい……

ちがうちがう！　もっとダメ！

……あっ、分《わ》かった！　頭《あたま》もいいんだね！

正解《せいかい》！　それだと「頭以外《あたまいがい》に見《み》た目《め》や性格《せいかく》もいい」と思《おも》ってるのが分《わ》かるからね。

そこまでは思《おも》ってないけど……。

ちなみにアレックスさまは、ほかのヨウムが研究者《けんきゅうしゃ》の質問《しつもん》にまちがえて答《こた》えると、そのヨウムに「ちがう！」とさけんでたんだって。※なかまに対《たい》する愛《あい》のムチだね。

……アレックスさん、厳《きび》しいなぁ。でも「頭《あたま》はいいね」「頭《あたま》がいいね」「頭《あたま》もいいね」の1文字《もじ》で、相手《あいて》の気持《きも》ちが変《か》わるのは分《わ》かったわ。自《じ》分《ぶん》が相手《あいて》だったら「頭《あたま》もいいね」って言《い》われたいし。

いいところに気《き》づいたね、心《こころ》ちゃん。人《ひと》と話《はな》す時《とき》は……

※　鳥類研究者《ちょうるいけんきゅうしゃ》であるアイリーン・M・ペパーバーグは、アレックス以外《いがい》にもヨウムを飼《か》っていた。

自分《じぶん》が言《い》われたい言《い》い方《かた》で話《はな》すといいんだ。「なんて言《い》えばいいだろう？」と迷《まよ》った時《とき》は、「自分《じぶん》だったらなんて言《い》われたいだろう？」と考《かんが》えればいいんだよ。そうすれば自然《しぜん》と、一番《いちばん》いい1文字《もじ》を選《えら》んで話《はな》せるはずだから。

ありがとう、ヨウムさんは人《ひと》に教《おし》えるのもうまいのね。

そうそう、その調子《ちょうし》！

でも、1つ疑問《ぎもん》があるんだけど、わたしがお母《かあ》さんに「カレーでいい」と言《い》ってたこと、コウムさんはなんで知《し》ってたの？

心《こころ》ちゃんとお母《かあ》さんのやりとりを、ハムが聞《き》いてたみたいだよ。ぼくはハムに、「しゃべり上手《じょうず》な君《きみ》から、心《こころ》ちゃんにしゃべり方《かた》を教《おし》えてあげてほしい」と言《い》われて、ここに呼《よ》ばれたんだ。

……そうだったんだ。

明日《あした》も来《く》る？

えっ？

これはアレックスさまが覚《おぼ》えた、別《わか》れのあいさつなんだって。飼《か》い主《ぬし》の研究者《けんきゅうしゃ》が研究室《けんきゅうしつ》から帰《かえ》る時《とき》に、「明日《あした》も来《く》る？」ってアレックスさまが聞《き》いて、研究者《けんきゅうしゃ》が「うん、明日《あした》も来《く》るよ」と言《い》って1日《にち》が終《お》わるんだ。

「バイバイ」「また明日《あした》」みたいな感《かん》じね。

そうそう。アレックスさまは亡《な》くなる前日《ぜんじつ》の夜《よる》も、同《おな》じようにあいさつしてたんだって。

そっか……。

別《わか》れのあいさつの時《とき》は、ふつうに元気《げんき》だったみたいなのに※。

……。

あっ、なんかしんみりさせちゃって……

※ 2007年《ねん》9月《がつ》7日《か》、アレックスは31歳《さい》で突然《とつぜん》亡《な》くなった。ヨウムの平均寿命《へいきんじゅみょう》は50歳程度《さいてど》。

アイム・ソーリー。

……なんでさっきから、英語《えいご》で謝《あやま》るの？

これもアレックスさまの口《くち》グセなんだ。悪《わる》いことやミスをした時《とき》に、よく「アイム・ソーリー」と言《い》ってたんだって。※

かしこすぎじゃない？ マジすごくない？ やっぱりアレックスさま、天才《てんさい》でしょ？

もう、またまたグイグイくる……。

あぁ、やっちゃった！

アイム・ソーリー、今《いま》のはぼくも悪《わる》かった。

「ぼくが悪《わる》かった」でしょ！

※ アレックスが「アイム・ソーリー」と言《い》うのは、まちがいを反省《はんせい》しているというよりは、自分《じぶん》のまちがいを相手《あいて》に知《し》らせるためのものだったと考《かんが》えられている。

自分《じぶん》が言《い》われたいことを、
相手《あいて》に言《い》えるといいかもね。

えっと―…なんて名前《なまえ》の鳥《とり》
だっけな―…
えっと―…オウムじゃなくて―
え―…
ん―…
あっ!!
ソウムか!!
そうそう―
あたらしく総《そう》務《む》部《ぶ》に
はいぞくされましたって…

ヨウムだよ!!
ひと文《も》字《じ》ちがい!!!

ヨウムのごはんの時間《じかん》

鳥用《とりよう》フードや野菜《やさい》などを食《た》べます。

世《よ》の中《なか》は、おとなも答《こた》えられないことばかり。

モルモット

（テンジクネズミ）

げっ歯目《しもく》テンジクネズミ科《か》

分布《ぶんぷ》 南《みなみ》アメリカのアンデス地方《ちほう》に生息《せいそく》するテンジクネズミをペット化《か》

体長《たいちょう》※ 20～40㎝

※ 体長《たいちょう》とは、頭《あたま》からおしりまでの長《なが》さ。

あっ、モルモットさんだ！

ぼくがモルモットだってよく分《わ》かったね。ハムスターとまちがえる人《ひと》もけっこういるけど。

さっきイモリさんに教《おし》えてもらったの、モルモットとハムスターのちがいを。

なんて言《い》ってた？

モルモットさんには、ほおぶくろやしっぽがないのよね。あと、ハムスターよりモルモットさんのほうが大《おお》きいんでしょ？

おぉ、ちゃんと覚《おぼ》えてくれたんだね。じゃあ、もっとモルモットのことを教《おし》えてあげる。ぼくたちの先祖《せんぞ》は南《みなみ》アメリカにいる「テンジクネズミ」という生《い》き物《もの》で、標高《ひょうこう》１０００m以上《いじょう》の岩場《いわば》などで暮《く》らしてるんだ。昔《むかし》の人《ひと》はテンジクネズミを……

食《た》べてたんだよね。

えええ!?

昔《むかし》は食料《しょくりょう》として飼《か》われてたんだよ。
例《たと》えば1600年代《ねんだい》には、船《ふね》で旅《たび》
をする時《とき》に生《い》きたまま食料《しょくりょう》として
運《はこ》ばれていたんだ。モルモットは
おとなしいし、サイズ的《てき》にも持《も》ち
運《はこ》びやすいからね※。

※ 今《いま》でも南《みなみ》アメリカの地域《ちいき》によっては、モルモットを食《た》べることもあるそう。

……。

ペットとして飼《か》われるようになったのは、そのころからみたいだよ。

ちなみに日本《にほん》に初《はじ》めてモルモットが来《き》たのは、1843年《ねん》、つまり江《え》戸《ど》時代《じだい》の終《お》わりごろだね。オランダ人《じん》が、オスとメスを1匹《ぴき》ずつ出島《でじま》(長崎県《ながさきけん》)に持《も》ちこんだんだ。

……最初《さいしょ》は食《た》べられてたなんて、かわいそう。

「かわいそう」って言《い》うけれど、心《こころ》ちゃんはハンバーグを食《た》べるでしょ?

ウシは食《た》べてもいいのに、モルモットは食《た》べちゃダメなの? ウシを食《た》べるのはかわいそうじゃないの?

えっ……それは……。

別《べつ》に心《こころ》ちゃんを責《せ》めてるわけじゃないんだよ。でも、これってむずかしい問題《もんだい》だよね。たぶん、おとなに同《おな》じ質問《しつもん》したって……

ちゃんと答《こた》えられる人《ひと》、いないと思《おも》うよ。そもそも、そんなことをしっかり考《かんが》えぬいてから食《た》べてる人《ひと》なんてほとんどいないから。宗教《しゅうきょう》によって食《た》べていい生《い》き物《もの》がちがったりもするし。※1 **世界共通《せかいきょうつう》の正解《せいかい》なんてないんだよね。**

なんとなくイメージで、「モルモットを食《た》べるのはかわいそう」と思《おも》ったけど、「なんで？」って言《い》われるとむずかしいな。

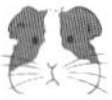

そりゃそうだよ。**世《よ》の中《なか》は、おとなも答《こた》えられないことばかりなんだから。**例《たと》えば、モルモットは新《あたら》しい薬《くすり》を開発《かいはつ》する時《とき》に実験動物《じっけんどうぶつ》に使《つか》われて※2、命《いのち》を落《お》とすこともあるけれど、それはかわいそうとは思《おも》わない？

かわいそう……。

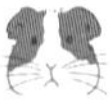

でも、新《あたら》しい薬《くすり》が開発《かいはつ》できれば、これまで救《すく》えなかった人《ひと》の命《いのち》が救《すく》われるかもしれない。そこはどう思《おも》う？

※1　イスラム教《きょう》では豚肉《ぶたにく》を食《た》べることが禁止《きんし》されている。また、ヒンドゥー教《きょう》では牛肉《ぎゅうにく》を食《た》べることが禁止《きんし》されている。

※2　モルモットを実験動物《じっけんどうぶつ》に使《つか》うことは、最近《さいきん》は減《へ》ってきているらしい。

……うーん。

それに、モルモットがかわいそうなら、ほかの実験《じっけん》動物《どうぶつ》はどう？　ネズミ、ハムスター、ウサギ、イヌとかも実験《じっけん》に使《つか》われるけど。

……。

ロケットの技術《ぎじゅつ》が発達《はったつ》してなかった時代《じだい》には、人《ひと》を乗《の》せるのは危《あぶ》ないから、サルをロケットに乗《の》せて宇宙《うちゅう》へ飛《と》ばしたことも何度《なんど》かあるんだよ。それによって、生《い》きて帰《かえ》れなかったサルもたくさんいるんだ。こういう実験《じっけん》を、「人《ひと》のためなら仕方《しかた》がない」って言《い》うおとなもいれば、「かわいそうだからやめるべきだ」って言《い》うおとなもいる。やっぱりこれも、人《ひと》によって答《こた》えはちがうんだよね。

……すごくむずかしいな。

ふぅ、いっぱいしゃべったらおなか空《す》いてきちゃった。ちょっとごはん食《た》べていい？　お～い、みんな～こっちでごはん食《た》べよ～。

うわぁ、かわいい！
モルモットの行列《ぎょうれつ》だ！

モルモットは集団《しゅうだん》で生活《せいかつ》する生《い》き物《もの》で、１列《れつ》になって移動《いどう》することがあるんだ。

みんな、前《まえ》のモルモットについていくのね。

目《め》はあまりよくないけど、においを感《かん》じ取《と》る力《ちから》が強《つよ》いから、**前《まえ》のモルモットのおしりのにおいをかぎながら進《すす》むんだよ。**

あぁおいしいなぁ、モグモグ。

……そうなんだ。食《た》べてるのって、草《くさ》？

うん。モルモットの先祖《せんぞ》であるテンジクネズミは、植物《しょくぶつ》のくきとか根《ね》っこを食《た》べて暮《く》らしていたんだ。だからぼくらも草《くさ》を食《た》べるんだよ。

そういえば、植物《しょくぶつ》も生《い》きてるのに、動物《どうぶつ》を食《た》べる時《とき》より「かわいそう」って感《かん》じないの、不思議《ふしぎ》だよね。

たしかに……。

あっ、そうだ！　これ、食《た》べる？

ん？　それはなあに？

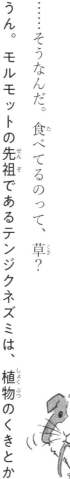

※ 実際《じっさい》のモルモットは、おしりに口《くち》を近《ちか》づけてウンチを食《た》べる。食《た》べる用《よう》のウンチは、ふだんのウンチよりやわらかい。

ぼくのウンチ。

イヤ〜〜〜！

なんで？　おいしいよ。

ウンチなんて、食《た》べるわけないでしょ！

モルモットは自分《じぶん》のウンチも食《た》べるよ。人間《にんげん》は、なんでウンチ食《た》べないんだろう？　もったいなくない？

……逆《ぎゃく》になんで食《た》べるの？

1回《かい》で吸収《きゅうしゅう》できなかった栄養《えいよう》とかを、ウンチを食《た》べてもう一度《いちど》体《からだ》に取《と》りこむんだ。**「食糞《しょくふん》」**って言《い》うんだよ。

……ふーん……なんかちょっとショックだわ。

何《なに》それ〜？　もしかして心《こころ》ちゃん、言《い》っちゃった？

えっ？　何《なに》を？

ダジャレ。食糞《しょくふん》で「ふ〜ん」「ショック」って。

……言《い》ってません、ぐうぜんです。でもよく考《かんが》えたら、ハムもときどきおしりのほうに口《くち》を近《ちか》づけて、モグモグしてたような……。

うん、**ハムスターも食糞《しょくふん》するよ。**ぼくらにとって、ウンチは食《た》べ物《もの》でもあるんだ。人間《にんげん》にとってはちがうかもしれないけど。

人間《にんげん》は絶対《ぜったい》に食《た》べません……。

ウンチの話《はなし》はあれだけど、もっと身近《みぢか》なところでも正解《せいかい》が1つじゃないことってあると思《おも》うよ。心《こころ》ちゃんはスマホ、持《も》ってる？

持《も》ってないよ。お父《とう》さんが「まだ持《も》つのは早《はや》い」って。

でも、持《も》ってる子《こ》もいるでしょ？「スマホを持《も》たせるか持《も》たせないか」、「ペットを飼《か》うか飼《か》わないか」……おとなでも正解《せいかい》が1つじゃないことって、山《やま》ほどあるんだ。

……。

心《こころ》ちゃん、またペットを飼《か》いたい？

えっ？　わたしはハム以《い》外《がい》、飼《か》いたくない！　けど……。

けど？

……自《じ》分《ぶん》でも自《じ》分《ぶん》の気《き》持《も》ちが分《わ》かんない。どうすればいいと思《おも》う？

分《わ》かんない。でも、今《いま》の心《こころ》ちゃんにとっては、いっぱいなやむことが正《せい》解《かい》なんじゃない？

なんか、なぐさめてくれてありがとう。

ふぅ、なんかいっぱい食《た》べていっぱいしゃべったら、ねむくなってきちゃった。ちょっと寝《ね》るね、おやすみ～。

おやすみなさい。

……。

……。

……。

も、もしかして……

目《め》を開《あ》けながらねむってる？

……。

お〜い、モルモットさん、聞《き》こえる？

……うーん、むにゃむにゃ……起《お》こさないでよ、もっとねむりたかったのに。

やっぱりねむってたんだ！　目《め》が開《あ》いてたよ。

モルモットは、目《め》を開《あ》けながらねむることもあるんだよ。自然《しぜん》ではいつ敵《てき》におそわれるか分《わ》からないから、そのせいかもしれないね。

ちょっとこわい……。

さて、心《こころ》ちゃんもそろそろ起《お》きる時間《じかん》だよ。

えっ？　どういうこと？

世《よ》の中《なか》は、正解《せいかい》が
1つじゃないことばかり。
すぐに答《こた》えを出《だ》すより、
いっぱい考《かんが》えてなやむほうが
正解《せいかい》に近《ちか》づけるのかも。

正《ただ》しい正《ただ》しくないってきめるのはむずかしいな…
きっと見《み》る視《し》点《てん》によってかわってしまうものなんだ…

モルモットのごはんの時間《じかん》

牧草《ぼくそう》、野菜《やさい》、モルモット用《よう》フードなどを食《た》べます。

「守《まも》ってる」と思《おも》ってるほうが、守《まも》られてる。

ウサギ

（アナウサギ）

ウサギ目《もく》ウサギ科《か》

分布《ぶんぷ》 ヨーロッパに生息《せいそく》するアナウサギをペット化《か》

体長《たいちょう》[※1] 35～50㎝

※1　体長《たいちょう》とは、頭《あたま》からおしりまでの長《なが》さ。

ウサギさんだ、かわいい！

こんにちは心《こころ》ちゃん。

ウサギさんといえば、やっぱり『ウサギとカメ』よね。

あの童話《どうわ》のウサギはノウサギ。わたしは「アナウサギ」※2って種類《しゅるい》のウサギよ。ペットのウサギは、ほとんどがアナウサギなの。※3

そうなんだ！

自然《しぜん》では地面《じめん》に穴《あな》をほって、そこに巣《す》を作《つく》るの。

だから「アナウサギ」なのね。ところで、あの、さっきから気《き》になってるんだけど……

何《なに》？

その子《こ》、だいじょうぶなの？

あぁ、だいじょうぶよ……

※2　アナウサギは英語《えいご》で「rabbit（ラビット）」。ノウサギは英語《えいご》で「hare」。

※3　ペットで飼《か》われているアナウサギは「カイウサギ」とも呼《よ》ばれる。アナウサギは人間《にんげん》が品種改良《ひんしゅかいりょう》をして、150以上《いじょう》の品種《ひんしゅ》がいる。今回登場《こんかいとうじょう》しているウサギは、「ネザーランドドワーフ」という品種《ひんしゅ》のアナウサギ。

赤《あか》ちゃん

おっぱい飲《の》んでるだけだから。ひっくり返《かえ》ってるけどね。※1

目《め》が開《あ》いてないころの赤《あか》ちゃんは、おっぱいのにおいをかいで、乳首《ちくび》にたどりつくのよ。※2

見《み》えなくてもちゃんとお乳《ちち》が飲《の》めるんだ！

ウサギはもともと鼻《はな》がいいの。目《め》は悪《わる》いんだけど。

ハムやモルモットさんといっしょね。

ウサギの鼻《はな》がいつもヒクヒクしてるのは、においをかいでまわりの情《じょう》報《ほう》をキャッチするためなのよ。ウサギは人間《にんげん》の約《やく》20倍《ばい》も鼻《はな》がいいと言《い》われてるわ。

そんなに!?

あっ、赤《あか》ちゃんがおっぱい飲《の》み終《お》わったみたい。お～よしよし。

……それは何《なに》をやってるの？

あぁこれはね……

※1　お母《かあ》さんウサギがおっぱいをあげている時《とき》に、子《こ》ウサギのキックがお母《かあ》さんウサギの顔《かお》に当《あ》たることもある。

※2　おっぱいから出《で》るにおいを「乳腺《にゅうせん》フェロモン」と言《い》う。

なめてるの。

なんで？

体《からだ》のよごれをとるためよ。つばには体《からだ》を洗《あら》う成分《せいぶん》がふくまれているからね。赤《あか》ちゃんの体温《たいおん》を調節《ちょうせつ》する効果《こう か》もあるわ。

ちゃんと意味《い み》があったのね。

ウサギは自分自身《じぶんじしん》のこともなめて、体《からだ》を洗《あら》ったり体温《たいおん》を調節《ちょうせつ》したりするの※。口《くち》が届《とど》かないところは、最初《さいしょ》に前足《まえあし》をなめて、つばのついた前足《まえあし》でこすって洗《あら》うわ。例《たと》えば顔《かお》はこうやって洗《あら》うのよ。

※ この行動《こうどう》を「毛《け》づくろい」と言《い》う。

かわいい！

ほめてくれてありがとう。

お礼《れい》にこれ、食《た》べる？

それはなあに？

あぁこれはね……

わたしのウンチ。

イヤァ～！　あなたもウンチ食《た》べるの!?

栄養《えいよう》たっぷりだからね。※ 自然《しぜん》にいるアナウサギの赤《あか》ちゃんも、お母《かあ》さんのウンチを食《た》べたりするのよ。

ウサギさんってニンジンを食《た》べるんだと思《おも》ってた……。

もちろんウンチばかり食《た》べてるわけじゃないわ。

ニンジンも食《た》べるの？

牧草《ぼくそう》を食《た》べることが多《おお》いわね。野菜《やさい》や果物《くだもの》は、食《た》べ過《す》ぎるとおなかをこわしたり、太《ふと》っちゃったりするのよ。

ニンジンじゃなくて草《くさ》なんだ。

ふぅ、ウンチいっぱい食《た》べたらねむくなってきちゃった。ちょっとうちの子《こ》といっしょに休《やす》ませてもらうわね、おやすみなさい。

……この流《なが》れはもしかして……

※ 通常《つうじょう》のウンチは「硬糞《こうふん》」といい、食《た》べる用《よう》のウンチは「盲腸糞《もうちょうふん》」という。盲腸糞《もうちょうふん》は、盲腸《もうちょう》にたくわえられている時《とき》に発酵《はっこう》して栄養《えいよう》が増《ふ》える。

目《め》を開《あ》けてねむってる?※1

……おはよう。

あっ、すぐ起《お》きた。

ウサギはねむる時間《じかん》が短《みじか》いのよ。長《なが》い時《じ》間《かん》ねむってたら、その間《あいだ》に敵《てき》におそわれるかもしれないから。これも昔《むかし》の習性《しゅうせい》ね。その代《か》わり何《なん》回《かい》もねむるの。よしよし、うちの子《こ》もちゃんと休《やす》めたようね。

いつも赤《あか》ちゃんを気《き》にしてるのね。

※1　ウサギもモルモットのように、目《め》を開《あ》けてねむることがある。

「ウサギは赤《あか》ちゃんを放《ほ》ったらかしにする」※2なんて言《い》われたりするけど、赤《あか》ちゃんのことは常《つね》に心配《しんぱい》よ。それに、子育《こそだ》てしてて気《き》づいたの。この子《こ》を守《まも》ってるのはわたしだけど、この子《こ》がいるおかげでわたしは生《い》きていられたのかもって。

……。

子《こ》どもを温《あたた》かく見守《みまも》っているはずの自分《じぶん》が、もっと温《あたた》かい何《なに》かで包《つつ》まれてる感《かん》じになるの。それがこの子《こ》の存在《そんざい》なんだって。心《こころ》ちゃんも、ハムを飼《か》って、そういう気持《きも》ちにならなかった？

ハムのお世話《せわ》をしてるのは心《こころ》ちゃんだけど、ハムがいないと心《こころ》ちゃんは生《い》きていけないって。

うん……すごく分《わ》かる。

……あれ？　なんか音《おと》がしない？　危険《きけん》なにおいも！　**（ダン！）**

それは……何《なに》をやってるの？

※2　野生《やせい》のアナウサギのメスは、1日《にち》に1回《かい》、穴《あな》（巣《す》）の中《なか》にいる赤《あか》ちゃんに数分《すうふん》おっぱいをあげると、出《で》ていってしまう。外《そと》では赤《あか》ちゃんを守《まも》れないため、穴《あな》の中《なか》にかくしているのかもしれない。

足《あし》ダンよ。

なあに……足《あし》ダンって?

足音《あしおと》で危険《きけん》を知《し》らせるのよ。野生《やせい》のアナウサギは、なかまが出《だ》すこの足音《あしおと》を聞《き》いたら、すぐにげる習性《しゅうせい》があるの。〔ダン!〕

でも、危険《きけん》なんて特《とく》にないのに……あっ!

お~い、心《こころ》ちゃ~ん。

ハム!

……。

……。

危険《きけん》な音《おと》とにおいって……。

ハムだったのね。

ん? どうしたの?

守《まも》りたいだれかがいるって、
一番《いちばん》幸《しあわ》せなことかも
しれないわね。

母《かあ》さんがそばにいると、安心《あんしん》だな……
この子《こ》がそばにいるとなんだか安心《あんしん》……

ウサギのごはんの時間《じかん》

牧草《ぼくそう》、野菜《やさい》、ウサギ用《よう》フードなどを食《た》べます。

その悲《かな》しみも、いつか忘《わす》れる？

ふたたび

ハムスター

心《こころ》ちゃん、さみしいけれどそろそろお別《わか》れの時間《じかん》なんだ。

なんで!? ……せっかく会《あ》えたのに。もう、会《あ》えないの？

ここに来《く》れば、いつだって会《あ》えるよ。

ねえ、ここはいったいどこなの？ インコさんやマダライモリさんたちが、「ハムに呼《よ》ばれてここに来《き》た」と言《い》ってたけれど。

そうそう、ぼくがみんなをここに呼《よ》んだんだ。「心《こころ》ちゃんが悲《かな》しんでるから元気《げん》づけ《き》てほしい」ってね。ハリネズミもブタもカメもウサギも、みーんな昔《むかし》は、だれかの家《いえ》で飼《か》われてたペットなんだよ。

そうだったのね……。

みんなの話《はなし》を聞《き》いて、少《すこ》し楽《らく》な気持《きも》ちになれた？

うーん、まだよく分《わ》からないよ。みんないろんなことを教《おし》えてくれたけど……。ハムとはやっぱりもう、お別《わか》れなの？

うん、ぼくはもう、星《ほし》に帰《かえ》らないといけないから。なにしろ……

※ 英語《えいご》でハムスターは「Hamster」。スター（星《ほし》・人気者《にんきもの》）は「Star」。

ハムスターだからね。※

……それ2回《かい》目《め》だよ。

ごめんごめん、じょうだんだよ。

なんでお別《わか》れの時《とき》なのに、ダジャレなんて言《い》ってられるの！　ハムはわたしと会《あ》えなくなるのに、悲《かな》しくないの!?

そりゃぼくも思《おも》ってるよ、「ぼくの命《いのち》がもっと長《なが》ければ、心《こころ》ちゃんを悲《かな》しませずにすんだのに」って。

……。

ぼくだって、もっとずっといっしょにいたかった。

わたしだって……もっと生《い》きてほしかった。

おいおい、そんなに泣《な》かないでよ、心《こころ》ちゃん。

……何《なに》言《い》ってるのよハム……

泣《な》いてるのはそっちでしょ！

だって悲《かな》しいんだもん、ウワーン！

そんなに泣《な》かないでよ、ハム。ウワーン！

悲《かな》しく別《わか》れるのがイヤだから……笑《わら》って別《わか》れたいから、ダジャレを言《い》ったりしてたのに。

そっか……ごめん。わたしも、笑《わら》って別《わか》れたい。……ハムのダジャレじゃ笑《わら》えなかったけど。

ひ、ひどいよ心《こころ》ちゃん！

ふふ、じょうだんよ。

うわぁ、やられた！　そうそう、心《こころ》ちゃんとのうれしい思《おも》い出《で》、1つ言《い》っていい？

なあに？

ぼくの食《た》べ物《もの》のこと、お父《とう》さんやお母《かあ》さんは「エサ」と言《い》ってたでしょ。でも、心《こころ》ちゃんだけは「エサ」って言《い》わずに……

「ごはん」と言《い》ってくれたよね。

あれ、いつもうれしかったなぁ。

……もっとハムに、ごはんあげたかったなぁ。

ごめんね……。

昨日《きのう》、ふとんに入《はい》ってもねむれなくて、
夜中《よなか》になっちゃったんだけど、
リビングからお母《かあ》さんとお父《とう》さんの声《こえ》が聞《き》こえてきたの。

なんて言《い》ってたの？

「またペットを飼《か》うのはどうだろう？」って話《はな》してた。ハムがいなくなってまだ2カ月《げつ》なのに……ひどいよ。

心《こころ》ちゃん、ぼくがまだ生《い》きてたころね、二人《ふたり》は弱《よわ》ったぼくのお世話《せわ》をしながら、毎日《まいにち》夜中《よなか》にリビングで泣《な》いてたよ。

……そうだったの？

二人《ふたり》はぼくがいなくなることをすごく悲《かな》しんで、しっかり受《う》け止《と》めて、その上《うえ》で、また飼《か》うかどうかを迷《まよ》ってるんだと思《おも》うよ。

……。

そうだ、今《いま》から新《あたら》しくお迎《むか》えする子《こ》の名前《なまえ》を考《かんが》えてみようよ。家族《かぞく》みんなの最初《さいしょ》の1文字《もじ》をとるのはどう？　心《こころ》ちゃんは「こ」、お父《とう》さんは「ゆ」、お母《かあ》さんは「き」だから……

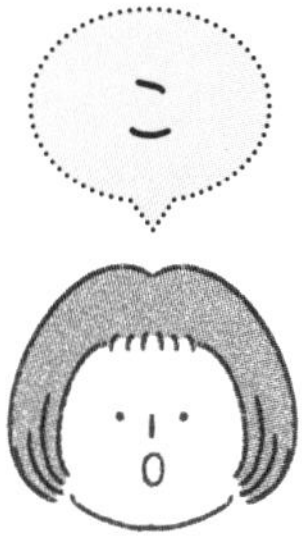

こころ

ゆうすけ

きみこ

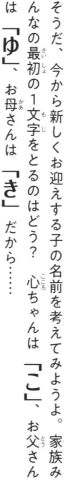

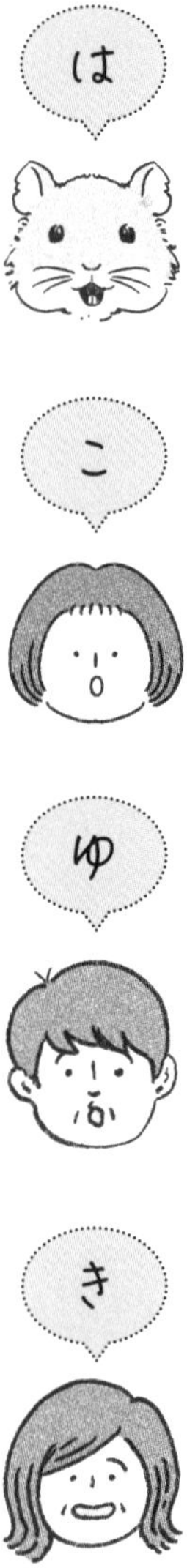

「はこゆき」とか。

変《へん》な名前《なまえ》!?　ハムの名前《なまえ》も入《い》れるのね、しかも一番最初《いちばんさいしょ》に。

当然《とうぜん》!　ぼくも家族《かぞく》でしょ。これで新《あたら》しい子《こ》の名前《なまえ》は決《き》まったね!

でも、わたしはずっと……ハムといっしょがよかった、グスン。

心《こころ》ちゃんがずっと泣《な》いてるのを見《み》るとすごく悲《かな》しいけど、**逆《ぎゃく》にちょっとうれしくもあるかもしれない。**　そんなにぼくのことを思《おも》ってくれたんだなって。

……。

でもね心《こころ》ちゃん、**生《い》きるのって、きっと、出会《であ》いと別《わか》れのくり返《かえ》しなんだよ。**　出会《であ》った相手《あいて》とは、必《かなら》ず別《わか》れる日《ひ》が来《く》る。

ぼくも生《い》きてる時《とき》は、心《こころ》ちゃんといっしょにいるのが当《あ》たり前《まえ》すぎて気《き》づけなかったけどね。

……。

だから同《おな》じ時間《じかん》をいっしょに過《す》ごせるって、本当《ほんとう》に貴重《きちょう》なことなんだと思《おも》う。かけがえのないことなんだと思《おも》う。

……。

心《こころ》ちゃん、ぼくのことを、たくさん愛《あい》してくれてありがとう。これからも、生《い》き物《もの》にたくさん優《やさ》しくしてね。まわりの人《ひと》を大切《たいせつ》にしてね。そして、たくさん幸《しあわ》せになってね。あと……うぅ、グスン。

……ハム、泣《な》かないでよ、わたしもなみだが止《と》まらなくなっちゃうじゃない、グスン。

ごめんね、じゃあ、最後《さいご》に一番《いちばん》言《い》いたかったことをズバッと言《い》うよ。

うん。

ズバッ！

またじょうだん!?

ほら、笑《わら》ってお別《わか》れしたいから。

……もう。

ぼくが最後《さいご》に言《い》いたかったのはね、「ぼくのこと、たくさん思《おも》い出《だ》して」ってこと。

思《おも》い出《だ》すたびに泣《な》いちゃいそう……。

さみしさにきちんと向《む》き合《あ》えるようになるのが、おとなになるってことなのかもしれないね。

おとなになんかなれなくていいから……ハムとずっといっしょにいたかったなぁ。

でも、もしかしたらいっしょにいた時《とき》より、これからのほうがここでたくさん会《あ》えるかもしれないよ。さみしい時《とき》や迷《まよ》ったりした時《とき》は、会《あ》いに来《き》て。ぼくはずっと、ここにいるから。

そうだ、ここはどこなの？

さあ、本当《ほんとう》にもう、お別《わか》れの時間《じかん》だ。

ちょっと待《ま》ってよ、わたし、どうしよう？　ハムがいないと、さみしくてなんにもできないの。インコさんは「つらい時《とき》こそだれかと話《はな》そう」と言《い》ってたけど、オオクワガタさんは「つらい時《とき》はにげなきゃダメ」と言《い》ってたり……みんな意見《いけん》がちがって、わたし、これからどうすればいいのか……。

その答《こた》えはね……

ぼくには分《わ》かんないや。

……そんな。

たぶん、どこを探《さが》したって、答《こた》えなんか見《み》つからないよ。だれかに相談《そうだん》したり、調《しら》べたりするのはすごく大切《たいせつ》だけど、そこに本当《ほんとう》の答《こた》えはないと思《おも》う。

じゃあ、答《こた》えはどこにあるの？
それに、ここはどこなの？

答《こた》えがどこにあるのか。
ここがどこなのか。
それはすべて、英語《えいご》で
自己紹介《じこしょうかい》したら
分《わ》かるはずだよ。

……ど、どういうこと？　また英語《えいご》？

今《いま》の心《こころ》ちゃんに必要《ひつよう》なのは、考《かんが》えることより、行動《こうどう》することだと思《おも》う。自分《じぶん》でほんの一歩《いっぽ》前《まえ》にふみ出《だ》せば、心《こころ》ちゃんの世界《せかい》はまた、うまく回《まわ》りはじめるはずだよ。

……。

では心《こころ》ちゃん、最後《さいご》に質問《しつもん》です。
What's your name?（あなたのお名前《なまえ》は？）

……。

What's your name?（あなたのお名前《なまえ》は？）

……I'm ……（……わたしは……）

Kokoro《こころ》
Nonaka《のなか》

心《こころ》野《の》中《なか》
心《こころ》の中《なか》

ころ〜〜
ごはんよー!!
またねてるの〜〜
!?

どうやらわたしは、夢《ゆめ》を見《み》ていたようだった。
カラ
カラ
ヒュ
カラ
カラ…
ハム⁉

ダダダ

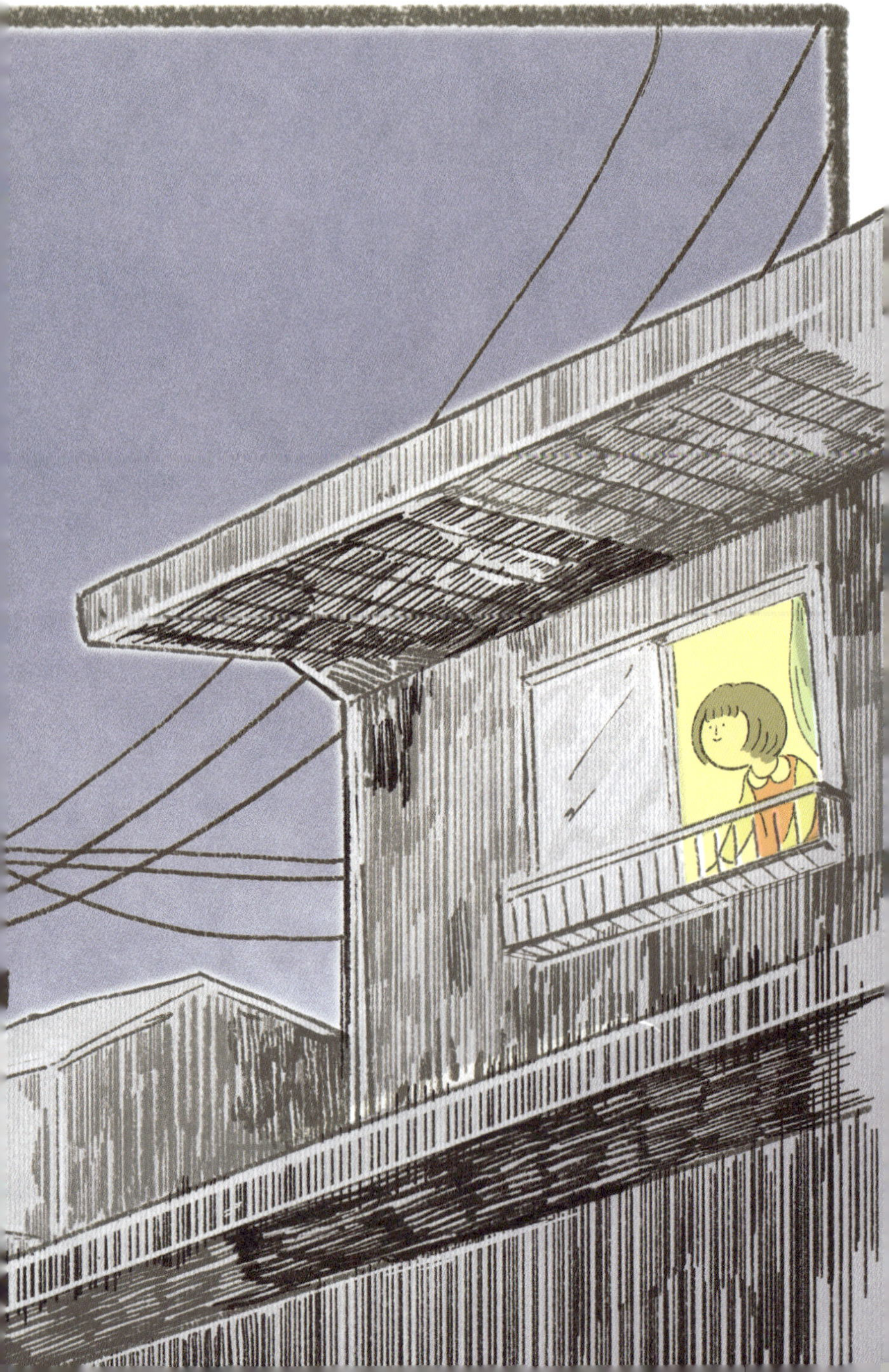

[主な参考文献]

『小学生でも安心！ はじめてのハムスター 正しい飼い方・育て方』監修：大庭秀一（メイツ出版）『ハリネズミの"日常"と"ホンネ"がわかる本』監修：井本暁（日本文芸社）『#大好きマイクロブタさん』著：mipig 監修：田向健一（KADOKAWA）『アニマルサイエンス4 ブタの動物学』著：田中智夫（東京大学出版会）『「ウサギとカメ」の読書文化史』著：府川源一郎（勉誠社）『カメの飼い方・楽しみ方BOOK』著：富沢直人 監修：霍野晋吉（成美堂出版）『金魚に首ったけ』著：成見香穂（ぶんか社）『小学生でも安心！ はじめての金魚＆メダカ 正しい飼い方・育て方』監修：徳永久志（メイツ出版）『米が育てたオオクワガタ』著：山口進（岩崎書店）『講談社パノラマ図鑑22 オオクワガタ』著：山口茂（講談社）『オオクワガタに人生を懸けた男たち』著：野澤亘伸（双葉社）『学研の図鑑LIVE 昆虫』（Gakken）『アレックスと私』著：アイリーン・M・ペパーバーグ 翻訳：佐柳信男（早川書房）『必ず知っておきたいインコのきもち 増補改訂版』監修：松本壮志（メイツ出版）『とりほん 飼い鳥のほんねがわかる本』監修：磯崎哲也（西東社）『学研の図鑑LIVE 鳥』（Gakken）『イモリ・サンショウウオ完全飼育』著：西沢雅（誠文堂新光社）『有尾類の教科書』著：西沢雅（笠倉出版社）『世界一まぎらわしい動物図鑑』監修：今泉忠明（小学館）『答えられないと叱られる!? チコちゃんの素朴なギモン365』監修：NHK「チコちゃんに叱られる!」制作班（宝島社）『小学生でも安心！ はじめてのモルモット 正しい飼い方・育て方』監修：大庭秀一（メイツ出版）『うさほん うさぎのほんねがわかる本』監修：今泉忠明（西東社）『動物たちは何をしゃべっているのか？』著：山極寿一 鈴木俊貴（集英社）『対象喪失 悲しむということ』著：小此木啓吾（中央公論新社）

もしもペットと話せたら

2025年2月17日　第1刷発行

絵	じゅえき太郎
文	ペズル
監修	阿部浩志
校正	板敷かおり
発行者	鈴木勝彦
発行所	株式会社プレジデント社 〒102-8641 東京都千代田区平河町2-16-1 平河町森タワー 13階 https://www.president.co.jp/ 電話：編集（03）3237-3732　販売（03）3237-3731
販売	桂木栄一　高橋 徹　川井田美景　森田 巌 末吉秀樹　庄司俊昭　大井重儀
装丁	華本達哉（aozora.tv）
編集	川井田美景
制作	関 結香
印刷・製本	中央精版印刷株式会社

ISBN978-4-8334-2542-1　Printed in Japan